L. MEINUNGER und W. WENZEL

Veränderliche Sterne in der Umgebung des galaktischen Nordpols

Veröffentlichungen der Sternwarte in Sonneberg · Band 7, Heft 4

DEUTSCHE AKADEMIE DER WISSENSCHAFTEN ZU BERLIN
Institut für Sternphysik

Veröffentlichungen der Sternwarte in Sonneberg

Band 7 · Heft 4

L. MEINUNGER und W. WENZEL

Unter Mitwirkung von
H. BUSCH · K. LOECHEL · E. ZIEGLER

Veränderliche Sterne in der Umgebung des galaktischen Nordpols

Akademie-Verlag · Berlin 1968

Erschienen im Akademie-Verlag GmbH, 108 Berlin, Leipziger Str. 3–4

Lizenznummer: 202 · 100/414/68
Gesamtherstellung: VEB Druckerei „Thomas Müntzer", 582 Bad Langensalza
Bestell-Nr.: 2006/VII/4 · ES 18 D 4
9,50

Einleitung

Die vorliegende Arbeit enthält Einzelheiten der Bearbeitung der von C.HOFFMEISTER auf Platten der Sonneberger Astrographen 400/1950 mm und 400/1600 mm in hohen galaktischen Breiten entdeckten Veränderlichen. Die Entdeckungsanzeigen befinden sich in AN 287, p.171 f, AN 288, p.49 ff, AN 288, p.59, AN 289, p.141 f und in Kurzfassung in MVS 1, p.724 f, MVS 2, p.39 f, MVS 2, p.100, MVS 3, p.79.

Eine zusammenfassende Darstellung eines Teils der Ergebnisse publizierten wir in MVS 4, p.19 ff. Neun bei anderer Gelegenheit entdeckte Objekte wurden hinzugefügt; siehe hierzu auch MVS 4, p.38.

Übersicht der bearbeiteten Felder

Zentrum	Gal. Breite b^I	Anzahl der Platten
ψ Ursae Maioris	+ 60°	72
92 Leonis	73	75
93 Leonis	74	156
5 Comae	79	125
26 Comae	84	123
35 Comae	84	96
1 Bootis	76	136

Die Felder in Leo und Coma stehen nahe beieinander und überdekken sich teilweise; sie werden daher zusammenhängend dargestellt. Die benutzten Platten stammen im wesentlichen aus den Jahren 1961 ... 1967 und sind zu sehr großem Teil in Form von Nachtreihen der einzelnen Felder angeordnet, so daß die Bearbeitung kurzperiodischer Sterne stark erleichtert war. Infolgedessen sind von den insgesamt 202 Veränderlichen der Sonneberger Reihe nur 2 als unerledigt zu bezeichnen (S 7764 und S 8014).

Die genannten 202 Objekte verteilen sich wie folgt auf die verschiedenen Typen:

Typus	Anzahl
RRab	110
RRc	25
RR	4
M	2
SRa	3
SR	3
Ib	11
UG	1
UV	1
Ne	1
SN, SN?	2
EA	3
EB	1
EW	9
E	8
cst.	16
?, E?	2
	202

Die Helligkeitsbestimmung der Vergleichsterne erfolgte mit Hilfe von Übertragungsaufnahmen am Astrographen 400/1600 mm, und zwar durch Anschluß an Selected Areas (Mt.-Wilson-System) wie folgt:

Feld	SA
ψ UMa	31
92, 93 Leo	79
5 Com	80
26, 35 Com	80
1 Boo	81

Auf Grund des Anschlußverfahrens kann der Nullpunktsfehler der Helligkeit einzelner Veränderlicher bei ungünstiger Lage auf der Platte $\pm 0^{m}.3$ betragen, abgesehen von systematischen Fehlern der SA-Helligkeiten. Dies führt zu einer Ungenauigkeit der Entfernungsangabe von ±15 %.

Nur in seltenen Fällen ergaben sich zwischen den zwei eingangs genannten Astrographen systematische Unterschiede der Schätzungen. Im allgemeinen wurden daher die Beobachtungen von beiden Instrumenten zu einheitlichen Lichtkurven vereinigt. Unter Umständen wurden sogar die Schätzungen auf 2 Feldern zusammengefaßt, wenn diese sich in der Gegend des betreffenden Veränderlichen überlappen, recht häufig z.B. bei den Feldern 92 und 93 Leonis.

In den folgenden 3 Tabellen sind die hier behandelten Sterne, getrennt für die Regionen ψ UMa, Coma - Leo und 1 Boo, nach Rektaszension geordnet aufgeführt. Die Seitenzahlen weisen auf die entsprechenden Textstellen hin.

Bearbeiter: B H. Busch (Bruno-H.-Bürgel-Sternwarte Hartha)
H K. Häussler (Bruno-H.-Bürgel-Sternwarte Hartha)
L K. Löchel
M L. Meinunger
W W. Wenzel
Z E. Ziegler

Feld ψ Ursae Maioris

Name	α 1855.0	δ	Art	Max.	Min.	Bearb.	Seite
S 7729 UMa	$10^h38^m.5$	$+47^\circ01'$	E	$15^m.7$	$15^m.9$	M	399
S 7730 UMa	10 40.7	+43 22	RRab	13.5	16.0	H	400
S 7731 UMa	10 41.0	+47 27	RRab	15.5	16.9	B	400
S 7732 UMa	10 41.9	+43 18	RRc	12.8	13.5	B	401
S 7733 UMa	10 43.8	+47 24	RRab	14.4	16.7	B	402
S 7734 UMa	10 45.0	+42 02	RRc	16.0	16.6	B	402
S 7735 UMa	10 45.4	+43 13	SR	11.7	12.4	B	403
S 7736 UMa	10 47.3	+45 13	RRab	15.5	16.5	B	403
S 7737 UMa	10 55.1	+46 45	RRab	15.7	17.0	B	404
S 7738 UMa	10 56.1	+45 51	Ne	15.4	17.4	B, M	405
S 7739 UMa	10 59.3	+42 03	EW	16.0	16.4	B	405
S 7740 UMa	10 59.6	+41 19	RRab	14.8	16.4	B	405
S 7741 UMa	11 02.4	+43 35	RRab	13.6	14.2	B	405
S 7742 UMa	11 03.1	+47 13	RRc	14.4	15.5	B	406
S 7743 UMa	11 04.9	+43 35	RRab	15.4	17.0	B	407
S 7744 UMa	11 07.8	+43 43	SR	14.2	15.9	B	408
S 7745 UMa	11 08.4	+42 00	RRc	12.9	13.7	B	409
S 7746 UMa	11 08.8	+44 55	RRab	14.7	15.4	B	409
S 7747 UMa	11 08.9	+42 49	RRab	15.1	16.4	B	409
S 7748 UMa	11 10.9	+47 49	E	15.5	16.2:	B, M	410
S 7749 UMa	11 11.8	+42 25	RRab	15.5	16.5	B	410
S 7750 UMa	11 13.4	+44 59	RRab	14.8	16.4	B	411
S 7751 UMa	11 13.6	+44 59	EA	13.5	15.9	B, M	412
S 7752 UMa	11 16.2	+43 43	RR	14.3	14.8	B	413
S 7753 UMa	11 17.8	+43 22	EA	13.7	14.0	B	413
S 7755 UMa	11 21.8	+43 32	RRab	14.0	14.8	H	413
S 7757 UMa	11 23.0	+45 02	UV	15.0	16.3	B, M	414
S 7758 UMa	11 23.2	+45 09	RRc	13.1	13.5	B	414

Felder 92 Leonis, 93 Leonis, 5 Comae, 26 Comae, 35 Comae

Name	α 1855.0	δ	Art	Max.	Min.	Bearb.	Seite
S 8014 Leo	$11^h18^m.6$	+24°36'	E?	$12^m.8$	$13^m.3$	W, Z	415
S 7754 Leo	11 20.3	+25 30	E	15.8	16.7	W, Z	415
S 7756 Leo	11 22.6	+21 51	RRab	15.8	17.3	W, Z	416
S 8015 Leo	11 22.6	+24 36	UG	15	17	M, W, Z	417
S 8016 Leo	11 22.7	+24 37	Ib	14.1	14.9	W, Z	417
S 8017 Leo	11 23.5	+26 24	RRab	14.4	16.3	M, W, Z	417
S 8018 Leo	11 24.2	+17 46	RRab	14.7	16.2	W, Z	418
S 8019 Leo	11 24.6	+18 07	EW	14.7	15.5	W, Z	418
S 8020 Leo	11 27.4	+18 35	Ib	14.6	15.0	M	420
S 7759 Leo	11 27.5	+21 45	RRab	14.7	16.3	W, Z	420
S 8021 Leo	11 29.3	+22 13	RRab	15.7	16.6	W, Z	421
S 7760 Leo	11 30.5	+18 44	ost.	14.4	-	W, Z	421
S 8022 Leo	11 30.6	+24 24	RR	13.8	14.9	W, Z	421
S 8023 Leo	11 31.1	+21 32	RRab	15.4	16.6	W, Z	422
S 8024 Leo	11 32.2	+16 36	RRab	12.3	13.8	W, Z	423
S 8025 Leo	11 32.7	+19 31	RRab	15.6	16.3	W, Z	423
S 8482 Leo	11 32.7	+17 46	ost.	16.7	-	W, Z	425
S 8026 Leo	11 33.2	+20 41	RRab	15.5	16.8	W, Z	425
S 8483 Leo	11 33.6	+22 06	RRab	15.4	16.3	W, Z	426
S 8027 Leo	11 34.2	+24 01	E	13.6	15.1	W, Z	426
S 8484 Leo	11 34.5	+23 35	EW	15.3	16.1	W, Z	426
S 9222 Leo	11 35.0	+18 20	RRab	16.1	17.1	M	428
S 8028 Leo	11 35.2	+24 53	RRab	15.4	16.8	W, Z	428
S 7761 Leo	11 35.5	+19 49	RRab	13.4	15.1	W, Z	429
S 7762 Leo	11 35.6	+21 55	RRab	14.4	15.7	W, Z	430
S 7763 Leo	11 36.5	+24 09	EW	11.8	12.6	W, Z	430
S 8485 Leo	11 36.9	+22 25	RRab	15.6	16.8	W, Z	431
S 8029 Leo	11 38.0	+25 35	EW	13.8	14.5	W, Z	432
S 8030 Leo	11 38.1	+17 39	Ib	14.9	15.4	W, Z	432
S 8031 Leo	11 39.1	+17 02	RRab	11.5	12.2	W, Z	432
S 7764 Leo	11 39.1	+20 33	?	16.0	16.3	W, Z	433
S 8032 Leo	11 39.5	+25 28	RRab	15.4	17.4	W, Z	433
S 8033 Leo	11 40.5	+19 47	EA	15.0	16.2	W, Z	434

S 8034 Leo	$11^h41^m.3$	$+23^\circ33'$	Ib	$15^m.5$	$15^m.8$	W, Z	435
S 7765 Leo	11 41.7	+22 25	RRab	15.3	15.9	W, Z	435
S 7766 Leo	11 41.9	+24 59	RRab	13.0	14.6	W, Z	435
S 8035 Leo	11 42.2	+23 53	SR	15.1	16.0	W, Z	436
S 8036 Leo	11 43.0	+22 26	Ib	15.0	15.3	W, Z	436
S 8037 Leo	11 43.9	+19 20	Ib	14.4	14.9	W, Z	437
S 7767 Leo	11 44.1	+22 41	RRab	11.6	12.4	W, Z	437
S 7768 Leo	11 45.7	+24 06	RRab	12.2	13.7	W, Z	438
S 8038 Leo	11 46.5	+21 28	Ib	10.6	11.1	W, Z	439
S 8039 Leo	11 46.5	+22 18	SRa	15.9	[17.0	W, Z	439
S 8486 Leo	11 46.9	+16 48	RRc	16.0	17.0	M	439
S 8040 Leo	11 47.6	+24 53	Ib	14.0	14.6	W, Z	440
S 8041 Leo	11 47.7	+22 49	RRab	15.8	16.7	W, Z	440
S 7769 Leo	11 48.3	+20 06	RRab	13.6	15.0	W, Z	441
S 8042 Leo	11 49.0	+22 02	RRab	13.5	14.6	W, Z	442
S 7770 Com	11 51.2	+23 09	RRab	15.8	16.8	M	442
S 8043 Com	11 51.6	+17 49	EB	13.9	14.6	M	443
S 8044 Com	11 53.6	+23 02	RRab	14.6	16.3	M	444
S 8045 Com	11 53.8	+18 12	ost.	15.1	–	M	445
S 7771 Com	11 55.1	+18 26	RRab	13.4	15.3	M	445
S 8046 Com	11 56.5	+23 10	RRab	15.3	15.9	M	446
SU Com	11 56.5	+19 07	RRab	14.9	15.9	M	446
S 7772 Com	11 56.9	+19 41	RRab	13.7	14.3	M	447
S 8047 Com	11 58.1	+22 50	RRab	15.4	16.4	M	447
S 8048 Com	11 59.3	+17 04	ost.	15.2	–	M	448
S 8487 Com	11 59.9	+23 32	ost.	15.9	–	M	448
S 7773 Com	12 0.3	+20 55	RRab	13.6	15.2	M	448
S 8488 Com	12 0.4	+22 30	RRab	14.8	15.8	M	449
S 8049 Com	12 0.5	+16 59	ost.	12.1	–	M	450
S 8050 Com	12 1.2	+22 30	RRab	14.6	15.2	M	450
SW Com	12 1.7	+20 24	ost.	10.8	–	M	451
CSV 1826	12 1.8	+20 17	Ib	11.4	11.7	M	451
S 8051 Com	12 1.9	+24 36	RRab	15.3	16.5	M	451
S 8052 Com	12 3.5	+21 04	RRab	13.2	14.7	M	452
CSV 6899	12 4.1	+18 49	ost.	12.8	–	M	452
S 8489 Com	12 4.6	+23 21	EW	11.4v	12.4v	M, W	452

S 9226 Com	12^h $4^m.6$	+24°56'	SN	$16^m.5$	[$17^m.5$	M	453
S 8053 Com	12 5.7	+21 48	RRc	15.3	16.0	M	453
S 8490 Com	12 5.8	+22 45	RRab	15.0	16.5	M	453
S 8054 Com	12 5.9	+21 50	SN?	16.5:	[17.5	M	454
S 9227 Com	12 5.9	+23 50	RRab	16.1	16.9	M	454
S 8055 Com	12 6.5	+23 07	RRab	15.7	16.2	M	455
S 8056 Com	12 8.7	+24 25	RRab	14.6	15.8	M	455
S 8057 Com	12 9.1	+25 50	RRab	13.9	15.7	M	456
S 7774 Com	12 11.5	+22 10	ost.	14.4	-	M	457
S 8491 Com	12 11.5	+24 27	M	14.4	[17.0	M	457
S 8058 Com	12 11.8	+19 09	Ib	10.7	11.0	W, Z	457
S 7775 Com	12 12.1	+22 09	E	13.0	13.6	W, Z	457
CSV 6907	12 12.3	+17 20	E	13.3	14.0	M	458
S 7776 Com	12 13.6	+22 58	RRab	12.8	14.0	L, W, Z	458
S 7777 Com	12 14.4	+18 23	RRab	14.7	16.2	M	459
S 7778 Com	12 15.0	+17 05	RRab	12.3	13.4	L, W, Z	460
S 7779 Com	12 16.0	+16 57	RRab	12.1	13.4	L	461
S 7780 Com	12 16.5	+22 30	RRab	15.1	16.3	W, Z	461
S 8059 Com	12 16.5	+22 52	RRab	13.6	15.3	W, Z	462
S 9229 Com	12 16.9	+18 39	RRc	16.0	16.6	M	462
S 9230 Com	12 17.0	+22 15	ost.	14.4	-	M	463
S 7781 Com	12 17.3	+25 42	RRc	11.9	12.5	M	463
S 7782 Com	12 17.4	+23 15	RRab	12.2	12.7	W, Z	464
S 9231 Com	12 17.8	+17 17	ost.	16.3	-	M	465
S 9232 Com	12 18.4	+22 54	RRc	13.6	14.2	M	465
S 7783 Com	12 20.1	+18 30	ost.	14.6	-	M	465
S 7784 Com	12 21.0	+25 45	RRab	13.8	14.9	M	466
S 7785 Com	12 21.4	+25 54	RRc	12.8	13.3	M	466
S 8060 Com	12 21.5	+22 32	EW	14.3	14.9	M	467
S 8061 Com	12 21.6	+17 32	RRc	13.2	14.2	L	468
S 9233 Com	12 21.8	+19 30	RRab	16.2	16.9	M	468
S 8492 Com	12 21.9	+20 51	RRab	15.6	16.5	M	469
S 7786 Com	12 22.6	+24 00	RRc	15.5	16.3	M	469
S 8062 Com	12 22.9	+21 48	E	14.3	15.5	M	469
S 7787 Com	12 23.4	+18 51	ost.	15.3	-	M	471
S 9234 Com	12 24.3	+22 18	RRab	15.3	16.3	M	471

CSV 1878	$12^h25^m.1$	$+18°40'$	E?	$14^m.0$	$14^m.7$	M	471
CSV 1882	12 25.3	+18 44	ost.	14.2	–	M	472
S 7788 Com	12 26.1	+24 35	RRab	15.1	16.0	M	472
S 7789 Com	12 26.2	+23 17	RRab	14.5	15.6	L	472
S 7790 Com	12 26.6	+22 59	RRab	13.7	15.3	L	473
CSV 1887	12 27.0	+16 57	RRab	11.8	13.8	M	474
S 7791 Com	12 28.4	+17 21	RRab	14.4	15.5	M	475
S 9235 Com	12 28.5	+18 18	RRab	15.8	16.8	M	475
S 8063 Com	12 28.5	+18 51	RRc	14.9	15.7	M	476
S 7792 Com	12 29.0	+23 12	RRab	13.3	14.3	L	477
S 7793 Com	12 31.3	+19 20	M	12.1	15.3	M	477
S 7794 Com	12 32.1	+21 34	RRab	14.9	15.8	M	478
S 7795 Com	12 32.1	+22 50	RRab	13.4	14.6	L	478
S 9236 Com	12 33.0	+18 34	RRc	15.9	16.5	M	479
S 7796 Com	12 33.6	+23 06	RRc	12.8	13.3	M	480
S 8064 Com	12 35.4	+22 41	EW	15.2	15.7	M	480
S 8065 Com	12 36.6	+17 44	RRc	14.1	14.4	M	481
S 8493 Com	12 37.5	+18 09	RRc	15.1	16.0	M	482
S 8494 Com	12 38.3	+17 25	RR	16.3	17.1	M	482
S 8066 Com	12 38.5	+19 00	RRab	13.3	14.9	M	483
S 8495 Com	12 38.7	+20 38	RRab	14.4	15.6	L	484
S 9237 Com	12 39.1	+19 16	SRa	13.9	16.3	M	485
S 8067 Com	12 39.7	+15 57	RRab	14.4	15.4	M	485
S 7797 Com	12 41.4	+19 00	RRab	14.8	15.6	M	485
S 7798 Com	12 43.6	+19 04	RRab	13.7	15.7	L	486
S 8068 Com	12 44.1	+21 04	RRc	15.5	16.2	M	487
CSV 1944	12 44.4	+24 55	RR	13.3	16.0	M	488
S 8496 Com	12 46.5	+23 04	RRc	14.9	15.7	M	488
S 7799 Com	12 47.4	+20 35	RRab	15.4	16.2	L	489
S 7800 Com	12 47.4	+22 41	RRab	13.9	15.4	L	489
S 8069 Com	12 50.9	+20 39	RRab	15.1	16.0	M	490
S 7801 Com	12 51.7	+18 48	E	14.4	15.9	M	491
S 8070 Com	12 55.3	+25 03	RRab	12.6	14.3	M	492
S 7802 Com	12 56.7	+20 30	Ib	12.0	12.3	M	492
S 8071 Com	12 59.0	+21 59	RRab	14.8	15.3	M	493

Feld 1 Bootis

Bearbeiter L. Meinunger

Name	α 1855.0	δ	Art	Max.	Min.	Seite
S 7803 Com	$13^h11^m.8$	+23°17'	RRab	$15^m.3$	$16^m.1$	494
S 8072 Com	13 12.7	+19 03	RRc	15.7	16.2	494
S 8073 Com	13 13.5	+23 12	RRc	14.8	15.6	495
S 8074 Com	13 14.9	+17 27	RRab	11.6	13.1	496
S 8497 Com	13 15.8	+24 25	RRab	15.1	16.1	497
S 8075 Com	13 15.9	+21 12	ost.	10.5	-	498
S 8076 Com	13 17.4	+16 46	RRab	13.8	14.5	498
S 8077 Com	13 18.5	+17 33	RRab	15.1	15.7	498
S 8078 Com	13 21.1	+20 58	RRab	14.1	14.7	499
S 8079 Com	13 21.2	+16 32	E	13.5	14.1	500
S 7804 Com	13 21.2	+18 36	RRab	13.7	16.0	500
S 8498 Com	13 22.2	+18 06	RRab	15.0	16.3	501
S 7805 Com	13 24.0	+17 21	RRab	13.6	15.3	502
S 8080 Com	13 24.1	+23 41	RRab	14.4	15.9	503
S 8081 Com	13 27.0	+19 10	RRab	16.0	16.9	504
S 7806 Com	13 28.0	+20 37	RRc	15.3	15.9	504
S 8082 Com	13 28.3	+21 16	RRc	13.3	14.0	505
S 8083 Boo	13 29.2	+22 15	RRab	15.5	17.0	506
S 8084 Boo	13 30.0	+23 16	RRab	11.7	13.8	506
S 8085 Boo	13 31.1	+16 23	ost.	14.8	-	507
S 8499 Boo	13 31.8	+24 55	EW	15.8	16.3	507
S 8086 Boo	13 31.9	+19 23	SRa	13.6	16.5	508
S 8087 Boo	13 32.0	+24 30	RRab	12.3	14.2	508
S 7807 Boo	13 32.3	+18 56	RRab	13.7	15.4	509
S 8088 Boo	13 32.7	+16 20	RRab	13.7	15.5	509
S 8089 Boo	13 33.6	+16 51	RRc	13.4	14.3	510
S 8500 Boo	13 34.8	+24 19	RRab	15.6	16.3	511
S 8501 Boo	13 35.3	+23 39	Ib	12.4	12.9	511
S 7808 Boo	13 36.4	+24 39	RRab	15.4	16.0	512
S 8503 Boo	13 37.7	+23 02	RR	15.6	16.6	512
S 7809 Boo	13 37.9	+20 25	RRab	15.5	16.7	512
S 8090 Boo	13 40.0	+23 45	ost.	13.0	-	513

S 8091 Boo	$13^h40^m.6$	$+18°04'$	ost.	$12^m.3$	--	513
S 8092 Boo	13 42.2	+17 06	RRab	13.9	15.6	513
S 8093 Boo	13 42.7	+16 51	RRab	15.1	15.9	514
S 8094 Boo	13 44.3	+18 24	ost.	15.7	-	515
S 8095 Boo	13 44.6	+20 57	RRab	14.0	15.9	515
S 8096 Boo	13 45.1	+19 17	RRab	14.2	15.3	516
S 7810 Boo	13 46.2	+17 55	RRab	12.5	14.7	517
S 8097 Boo	13 46.3	+16 12	RRab	14.0	15.7	517
S 8504 Boo	13 46.8	+22 36	RRab	14.4	16.0	518
S 8505 Boo	13 48.7	+18 35	RRab	14.6	15.3	519
S 8506 Boo	13 55.0	+23 12	RRab	13.8	14.4	520

Feld ψ Ursae Maioris

Die Veränderlichen dieses Feldes wurden im wesentlichen auf dem Sonneberger Plattenmaterial an der Bruno-H.-Bürgel-Schulsternwarte Hartha (Kreis Döbeln) bearbeitet.

Die zeitliche Verteilung der Aufnahmen ist zum Teil ungünstig. So sind von den 72 insgesamt vorhandenen Platten 53 im Zeitraum 243 7347 bis 7403 und 19 von 243 7972 bis 8001, also etwa 600 Tage später, aufgenommen. Diese große Zwischenzeit mit den verhältnismäßig kurzen Perioden der Veränderlichen zu überbrücken, war nicht immer mit Sicherheit möglich. Erschwerend kam noch hinzu, daß die 53 Aufnahmen der ersten Serie nur 56 Tage überdecken, und wenn man von 2 Aufnahmen absieht (243 7404), so verbleiben nur noch 31 Tage. Infolge ungünstiger Sichtverhältnisse waren die Aufnahmen der zweiten Serie in der Qualität sehr unterschiedlich.

S 7729 UMa Bedeckungsveränderlicher; $15^m_.7 - 15^m_.9$

Zur Bestimmung der Lichtwechselelemente konnten nur dichte Reihenbeobachtungen verwendet werden.

$$\text{Min.} = 243\ 7347.570 + 0^d_.4247 \cdot E$$

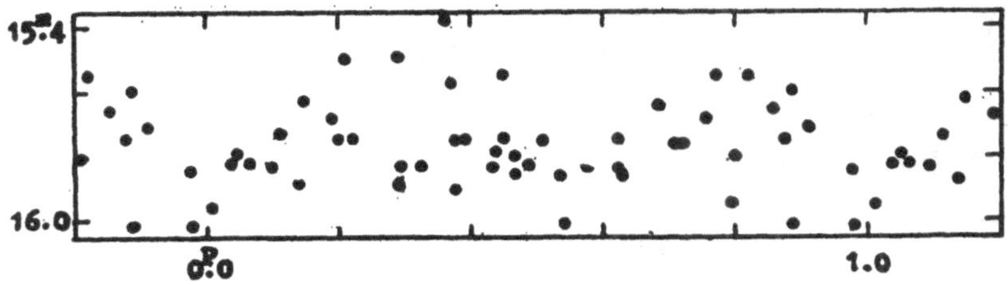

JD	E	B-R
243 7347.595	0	+0$^d_.$025
7348.425	2	+0.006
7348.634	2.5	+0.002
7374.360	63	+0.034
7374.555	63.5	+0.017
7375.392	65.5	+0.004
7376.476	68	+0.026
7376.628	68.5	-0.034

<u>S 7730 UMa</u> RR-Lyrae-Stern; 13$^m_.$5 - 16$^m_.$0

Max. = 243 7347.493 + 0$^d_.$462500·E

M - m = 0$^p_.$15 Typ RRab

JD	E	B-R
243 7347.493	0	0$^d_.$000
7348.425	2	+0.007
7352.587	11	+0.007
7374.316	58	-0.002
7992.684	1395	+0.004
7993.606	1397	0.000

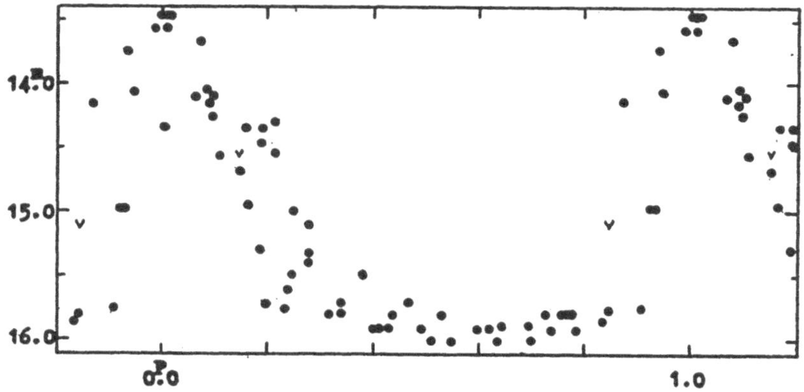

<u>S 7731 UMa</u> RR-Lyrae-Stern; 15$^m_.$5 - 16$^m_.$9

Max. = 243 7376.434 + 0$^d_.$532468·E

M - m = 0$^p_.$17 Typ RRab

JD	E	B-R
243 7375.375	- 2	+0$^d_.$006
7376.434	0	0.000
8001.551	+1174	0.000

Das letzte Maximum wurde durch Extrapolation gefunden.

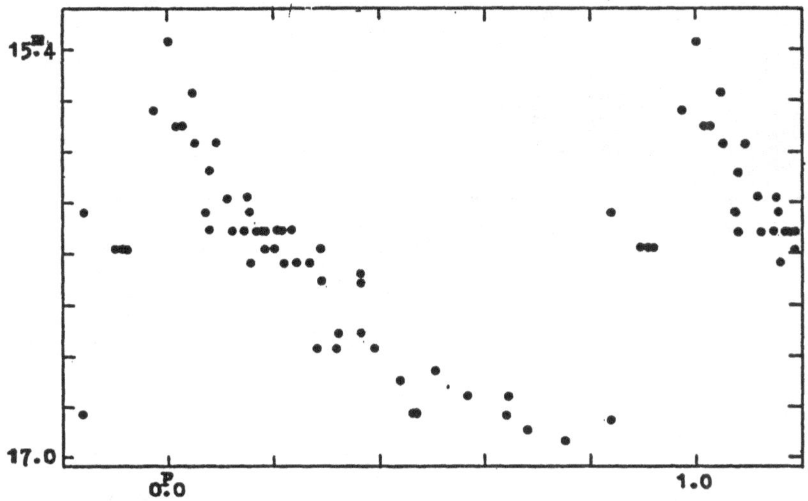

S 7732 UMa RR-Lyrae-Stern; $12^m.8 - 13^m.5$

Max. = 243 7348.465 + $0^d.389133 \cdot E$

M - m = $0^p.30$ Typ RRo

JD	E	B-R
243 7348.465	0	$0^d.000$
7374.555	67	+0.018
7376.476	72	-0.007
7972.651	1604	+0.017
7993.648	1658	0.000
8000.639	1676	-0.013

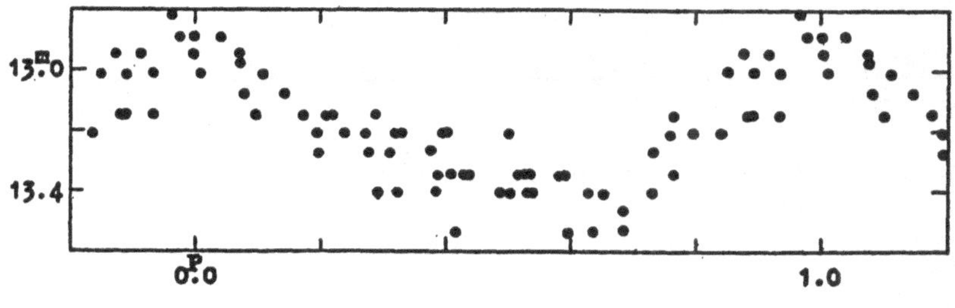

S 7733 UMa — RR-Lyrae-Stern; $14\overset{m}{.}4 - 16\overset{m}{.}7$

Max. = 243 7374.396 + $0\overset{d}{.}508423 \cdot E$

M − m = $0\overset{p}{.}12$ Typ RRab

JD	E	B-R
243 7347.452	− 53	+0$\overset{d}{.}$002
7374.396	0	0.000
7993.648	+1218	−0.008

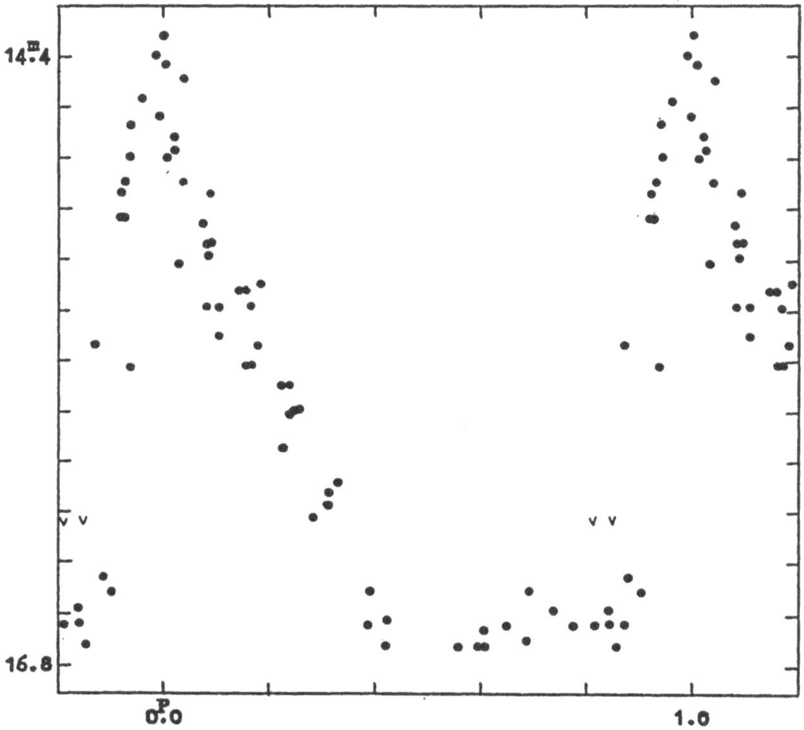

S 7734 UMa — RR-Lyrae-Stern; $16\overset{m}{.}0 - 16\overset{m}{.}6$

Max. = 243 7352.587 + $0\overset{d}{.}490623 \cdot E$

M − m = $0\overset{p}{.}3$ Typ RRc

JD	E	B-R
243 7352.587	0	$0\overset{d}{.}000$
7378.590	53	0.000

In der Lichtkurve beobachtet man eine übernormale Streuung. Das Maximum ist breit. Mit der angegebenen Periode ist eine Darstellung der Beobachtungen des Zeitraums 243 7972 bis 8001 nicht möglich.

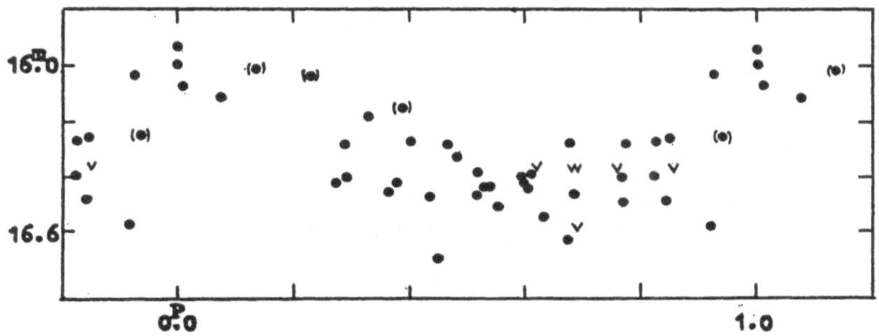

S 7735 UMa   Mittellange Periode; $11\overset{m}{.}7$ - $12\overset{m}{.}4$

Der Veränderliche ist wegen seiner großen Helligkeit und dem Fehlen geeigneter heller Vergleichssterne sehr schwer zu beobachten.

Im Beobachtungszeitraum zeigt der Veränderliche nur langsame Veränderungen, die auf eine mittellange Periode schließen lassen. Das Plattenmaterial reicht für eine vollständige Bearbeitung nicht aus (s. Einleitung!).

S 7736 UMa   RR-Lyrae-Stern; $15\overset{m}{.}5$ - $16\overset{m}{.}5$

Max. = 243 7348.427 + $0\overset{d}{.}519279 \cdot E$

M - m = $0\overset{p}{.}11$ Typ RRab

JD	E	B-R
243 7348.425	0	$-0\overset{d}{.}002$
7374.396	50	+0.005
7375.429	52	0.000
8000.639	1256	-0.002
8001.676	1258	-0.004

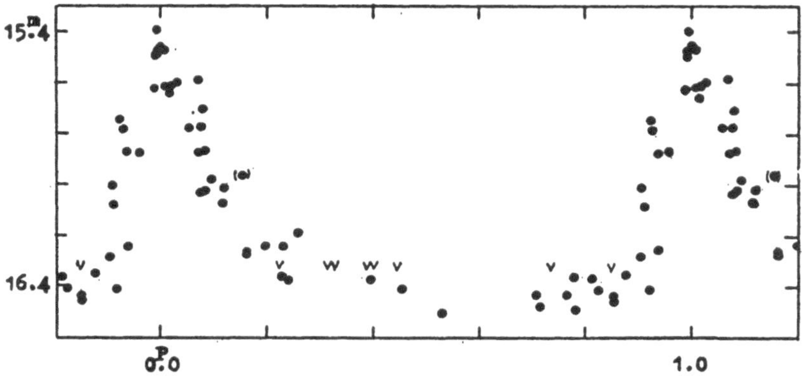

S 7737 UMa

RR-Lyrae-Stern; $15^{m}.7 - 17^{m}.0$

Max. = 243 7347.570 + $0^{d}.330494 \cdot E$

M - m = $0^{P}.12$ Typ RRab

JD	E	B-R
243 7347.563	0	$-0^{d}.008$
7348.548	3	-0.014
7374.354	81	+0.013
7992.684	1952	-0.013
7993.676	1955	-0.013
8000.639	1976	+0.010

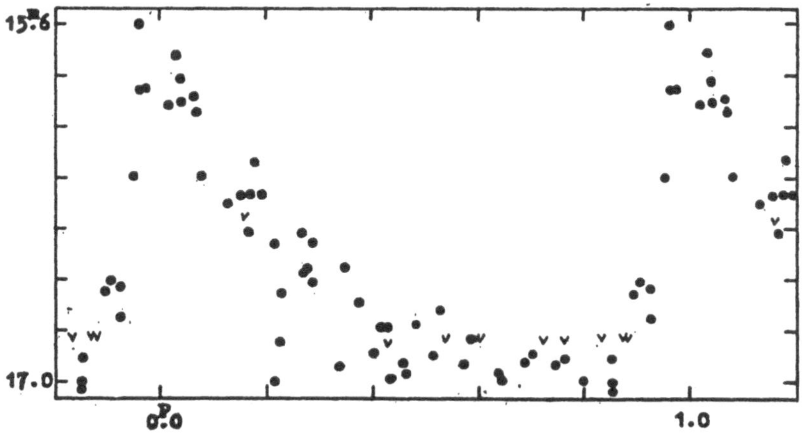

S 7738 UMa   Novaähnlich (?); $15^m.4 - 17^m.4$

Der Stern zeigt auf Reihenaufnahmen einen sehr raschen Lichtwechsel mit einer Amplitude bis $0^m.8$ im Verlauf einer Stunde. Dem raschen Lichtwechsel sind langsame Änderungen der mittleren Helligkeit überlagert, über deren zeitlichen Ablauf sich infolge zu lückenhaften Beobachtungsmaterials nichts genaueres aussagen läßt. Die raschen Änderungen wurden sowohl im hellen als auch im schwachen Licht beobachtet. Der Stern dürfte zur Gruppe der novaähnlichen Veränderlichen im weiteren Sinne gehören.

S 7739 UMa   W-UMa-Stern; $16^m.0 - 16^m.4$

Min. = 243 7347.493 + $0^d.572960 \cdot E$

$A_1 = 0^m.4$ $A_2 = 0^m.2$

JD	E	B-R
243 7347.493	0	$0^d.000$
7348.634	2	-0.005
7374.434	47	+0.012
7378.432	54	-0.001

S 7740 UMa   RR-Lyrae-Stern; $14^m.8 - 16^m.4$

Max. = 243 7378.590 + $0^d.561614 \cdot E$

M - m = $0^p.15$ Typ RRab   Abb. S. 406

Bei diesem vom Entdecker als RW-Aur-Stern bezeichneten Veränderlichen handelt es sich um einen RR-Lyrae-Stern, von dem leider nur ein Maximum beobachtet werden konnte (243 7378.590), so daß die Periode etwas unsicher ist.

S 7741 UMa   RR-Lyrae-Stern; $13^m.6 - 14^m.2$

Max. = 243 7348.386 + $0^d.577073 \cdot E$

M - m = $0^p.12$ Typ RRab

JD	E	B-R
243 7348.386	0	$0^d.000$
7374.354	45	0.000
7378.396	52	+0.002
7975.654	1087	-0.011
8001.633	1132	0.000

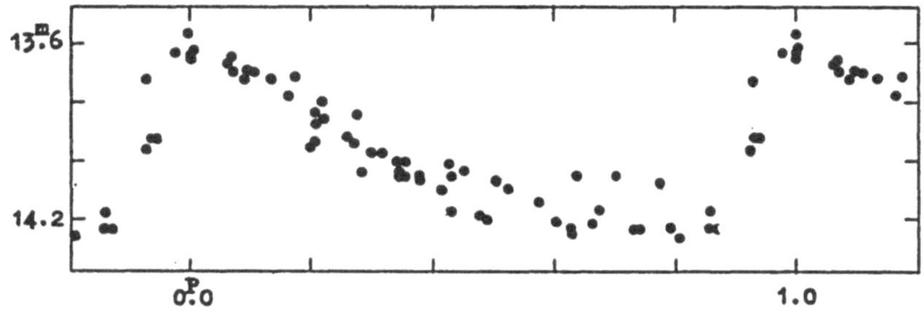

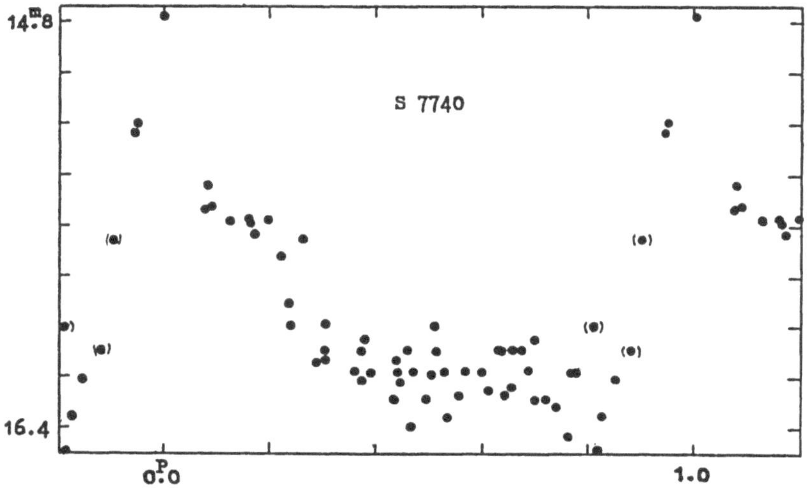

S 7742 UMa — RR-Lyrae-Stern; $14^m.4 - 15^m.5$

Max. = 243 7348.490 + $0^d.135610 \cdot E$

M − m = $0^p.39$ Typ RRc

JD	E	B−R
243 7374.396	191	$+0^d.004$
7378.590	222	−0.006
7992.649	4750	+0.009
8000.639	4809	−0.002
8001.590	4816	0.000

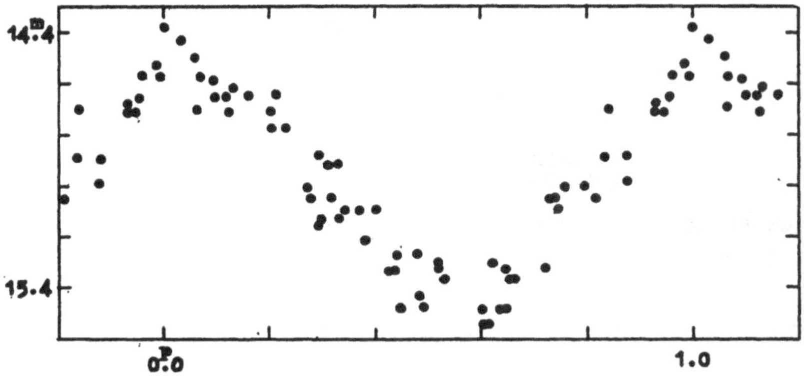

S 7743 UMa RR-Lyrae-Stern; $15^m_.45 - 17^m_.0$

Max. = 243 7347.524 + $0^d_.644029 \cdot E$

M − m = $0^p_.14$ Typ RRab

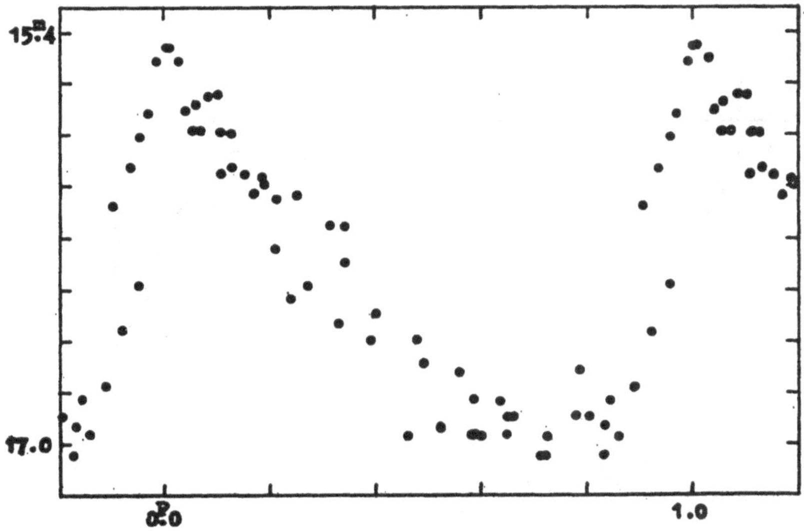

JD	E	B-R
243 7347.524	0	$0^{d}.000$
7367.492	31	+0.003
7374.593	42	+0.020
7376.514	45	+0.009
7378.432	48	-0.005
7993.485	1003	0.000

Das letzte Maximum wurde durch Interpolation aus den Beobachtungen ermittelt.

S 7744 UMa Mittellange Periode; $14^{m}.2 - 15^{m}.9$
Max. = 243 7350.0 + $68^{d}.7 \cdot E$
M - m = $0^{p}.3$

Für eine vollständige Bearbeitung reicht das Plattenmaterial nicht aus. Die lückenhafte Lichtkurve ist der eines δ-Cephei-Sterns ähnlich.

Die Periodenlänge wurde aus den hellen Beobachtungen

243 7355.677 und
7973.646 ermittelt.

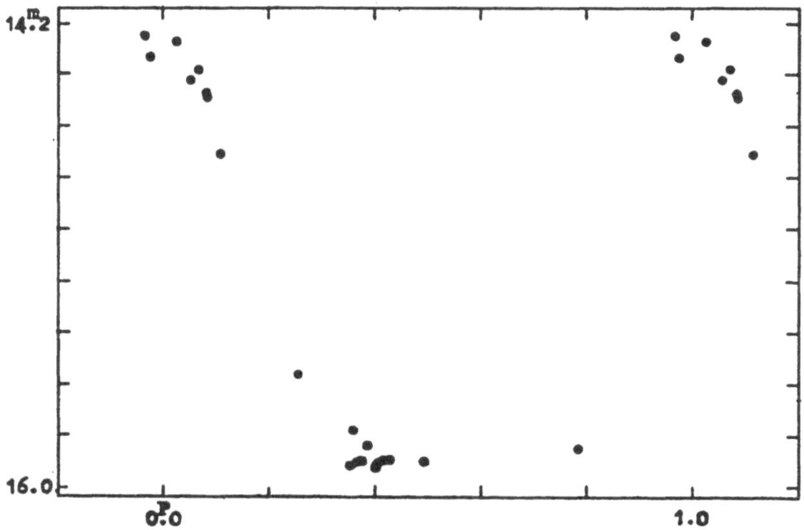

S 7745 UMa RR-Lyrae-Stern; $12^{m}.9 - 13^{m}.7$

Max. = 243 7376.415 + $0^{d}.399901 \cdot E$

M - m = $0^{p}.30$ Typ RRc

JD	E	B-R
243 7353.636	- 57	$+0^{d}.015$
7376.411	0	-0.004
7378.396	+ 5	-0.019
7403.603	68	-0.005
7972.651	1491	-0.016
7992.662	1541	0.000
8000.660	+1561	0.000

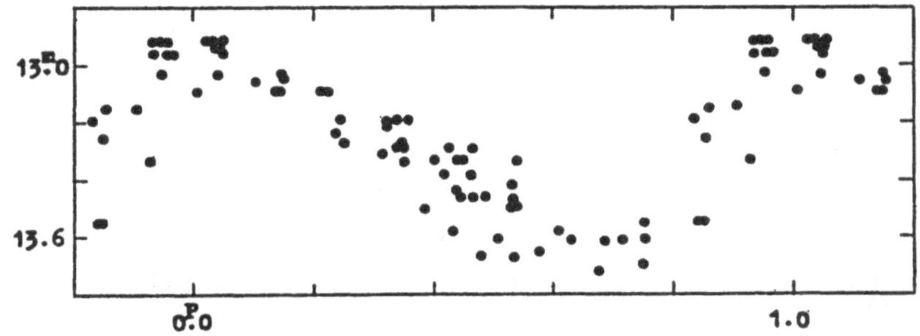

S 7746 UMa RR-Lyrae-Stern; $14^{m}.7 - 15^{m}.4$

Max. = 243 7403.618 + $0^{d}.620702 \cdot E$

M - m = $0^{p}.17$ Typ RRab

JD	E	B-R	
243 7348.386	- 89	$+0^{d}.010$	
7374.454	- 47	+0.009	
7403.618	0	0.000	
7992.649	+949	-0.015	(Anstieg)

Die Überbrückung von 949 Perioden dieses Sterns ist unsicher, dürfte aber gewährleistet sein.

S 7747 UMa RR-Lyrae-Stern; $15^{m}.1 - 16^{m}.4$

Max. = 243 7374.555 + $0^{d}.691671 \cdot E$

M - m = 0.17 Typ RRab

JD	E	B-R	
243 7347.579	- 39	$-0\overset{d}{.}001$	
7374.555	0	0.000	
7376.628	+ 3	-0.002	
7995.649	+ 898	-0.027	(Anstieg)

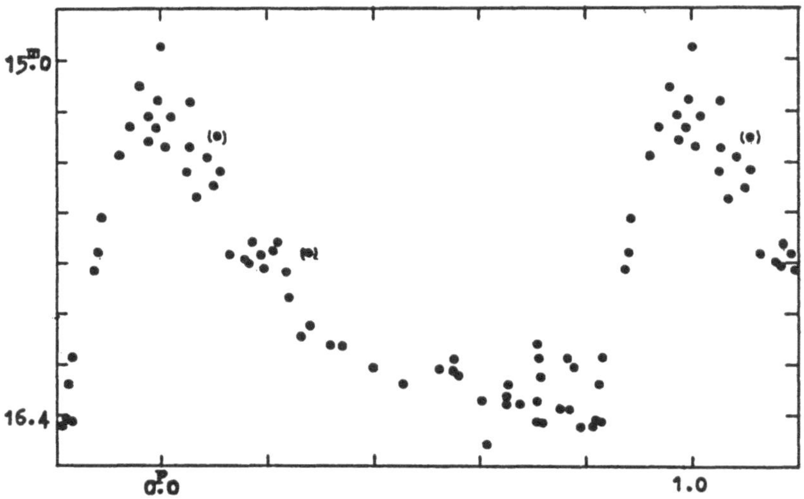

S 7748 UMa Bedeckungsveränderlicher; $15\overset{m}{.}5 - 16\overset{m}{.}2$

Reihenaufnahmen zeigen, daß die Minimumbreite kleiner als 0.06 Tage ist. Es wurden 2 sichere Schwächungen bei JD 243 7348.386 und 7374.630 sowie 2 geringe und etwas unsichere Schwächungen bei JD 243 7377.412 und 7403.618 gefunden. Alle Beobachtungen lassen sich durch die Elemente

$$\text{Min.} = 243\ 7348.386 + 1\overset{d}{.}38119 \cdot E$$

einigermaßen befriedigend darstellen. Die Gültigkeit der angegebenen Elemente bedarf jedoch der Bestätigung durch weitere Beobachtungen.

S 7749 UMa RR-Lyrae-Stern; $15\overset{m}{.}5 - 16\overset{m}{.}5$

Max. = 243 7348.465 + $0\overset{d}{.}579334 \cdot E$

M - m = $0\overset{P}{.}18$ Typ RRab

JD	E	B–R
243 7348.465	0	$0^d.000$
7353.681	9	+0.002
7377.412	50	−0.020
7992.684	1112	0.000

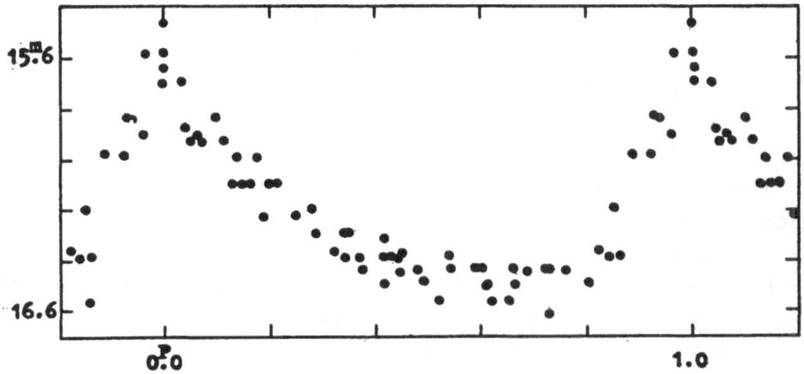

S 7750 UMa — RR-Lyrae-Stern; $14^m.8 - 16^m.4$

Max. = 243 7347.566 + $0^d.527561 \cdot E$

M − m = $0^p.16$ Typ RRab

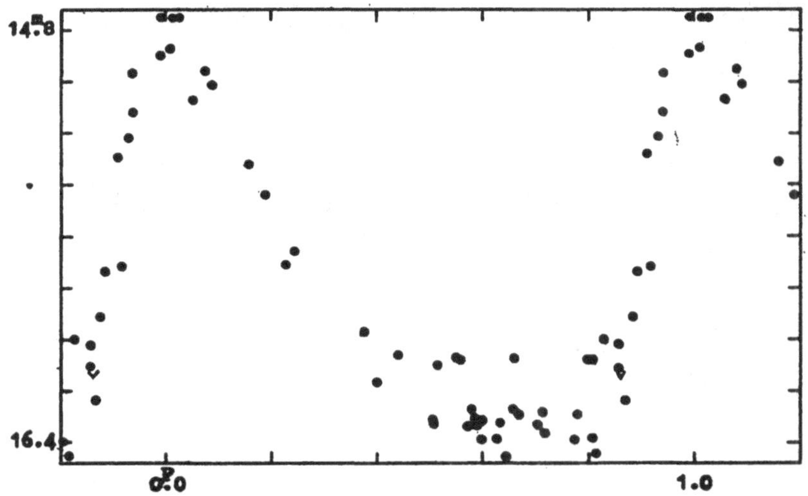

JD	E	B-R
243 7347.563	0	$-0^d.003$
7348.634	2	+0.013
7374.475	51	+0.003
7376.589	55	+0.007
8000.681	1238	-0.005

<u>S 7751 UMa</u> Algol-Stern; $13^m.5$ - $15^m.9$

Min. 243 7972.651 + $2^d.321547 \cdot E$

D = $0^P.15$

Nach der Bearbeitung stellte sich heraus, daß der Veränderliche identisch ist mit dem von HORN-D'ARTURO (H) (Bologna Pubbl. VI, Nr. 13) entdeckten VB 17. Für diesen Stern wurde l.c. der Ort falsch angegeben, wie sich nach Vergleich der Umgebungskarten zeigte. Darüber hinaus läßt sich von den dort angegebenen zwei schwachen Beobachtungen nur eine durch unsere Elemente darstellen. Wir messen dem kein besonderes Gewicht bei, da die ganze Arbeit sehr wenig sorgfältig abgefaßt erscheint und noch an mindestens zwei weiteren Stellen offenbar Druckfehler vorhanden sind.

JD	E	B-R	JD	E	B-R
243 4831.431 H	-1353	$-0^d.167$	243 8000.595	+ 12	$+0^d.085$
7378.335	- 256	0.000	8852.407	379	-0.110
7972.651	0	0.000	9184.562	522	+0.064
7993.606	+ 9	+0.061	9205.391	+531	-0.001

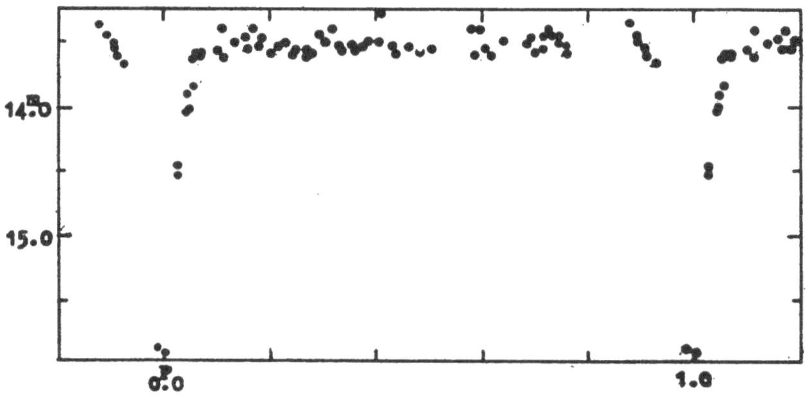

S 7752 UMa — RR-Lyrae-Stern; $14\overset{m}{.}35 - 14\overset{m}{.}8$
Max. = 243 7347.520 + $0\overset{d}{.}277981 \cdot E$

JD	E	B–R
243 7347.524	0	$+0\overset{d}{.}004$
7348.634	4	+0.002
7353.636	22	0.000
7374.475	97	−0.009
7375.316	100	−0.002
7376.434	104	+0.004

Die kleine Amplitude und das breite Maximum erschweren die Bearbeitung. Die Lichtkurve wurde nur aus den Beobachtungen des Zeitraums JD 243 7347 ... 7403 gezeichnet.

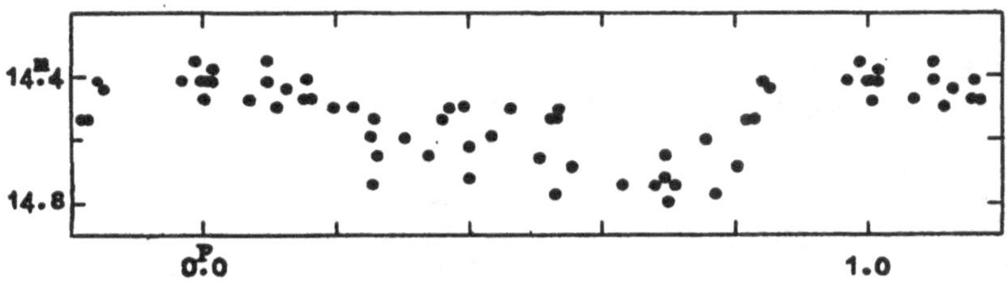

S 7753 UMa — Algol-Stern; $13\overset{m}{.}7 - 14\overset{m}{.}0$
Min. = 243 7347.524 + $0\overset{d}{.}437016 \cdot E$
D = $0\overset{p}{.}12$

JD	E	B–R
243 7347.524	0	$0\overset{d}{.}000$
7353.636	14	−0.006
7374.630	62	+0.011

Der Stern war schwierig zu bearbeiten, da es an geeigneten Vergleichssternen fehlte. Auch ist die Amplitude ziemlich klein.

S 7755 UMa — RR-Lyrae-Stern; $14\overset{m}{.}0 - 14\overset{m}{.}8$
Max. = 243 7374.512 + $0\overset{d}{.}479483 \cdot E$
M – m = $0\overset{p}{.}12$ Typ RRab

JD	E	B-R
243 7348.634	- 54	$+0\overset{d}{.}014$
7374.512	0	0.000
7375.467	+ 2	-0.003
7376.434	4	+0.004
7992.564	1289	+0.001
8001.676	+1308	0.000

S 7757 UMa   UV-Ceti-Stern, $15\overset{m}{.}0$ - $16\overset{m}{.}3$

Der Stern zeigt 4 starke Helligkeitsausbrüche bei JD 243 7375.464; 7378.505; 7403.618; 9261.384. Auch im Normallicht scheint der Stern etwas veränderlich zu sein. Farbe nach Palomar-Atlas: schwach rot.

S 7758 UMa   RR-Lyrae-Stern; $13\overset{m}{.}1$ - $13\overset{m}{.}5$
Max. = 243 7347.452 + $0\overset{d}{.}287259$.E
M - m = $0\overset{p}{.}50$ Typ RRc

JD	E	B-R
243.7347.452	0	$0\overset{d}{.}000$
7348.307	3	-0.007
7352.624	18	+0.001
7375.316	97	0.000
7376.476	101	-0.011
8000.681	2274	+0.002

Wegen der kurzen Periode ist die Überbrückung von über 2000 Perioden unsicher.

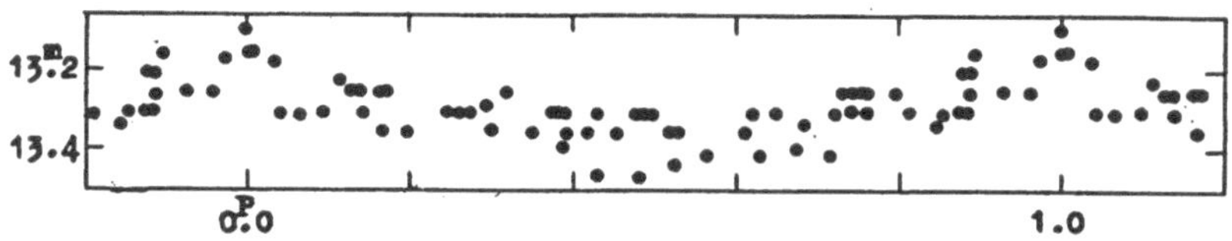

Felder 92 Leonis, 93 Leonis, 5 Comae, 26 Comae, 35 Comae

Bezüglich der zusammenhängenden Bearbeitung der Felder wird auf die Einleitung zu diesem Heft verwiesen.

Treten in den Lichtkurven verschiedenartige Zeichen auf, so haben sie die aus folgender Tabelle hervorgehende Bedeutung:

	Feldmitte	92 Leo	93 Leo
GB – Astrograph	400/1950	x	+
GC – "	400/1600	o	•

In den Tabellen der beobachteten Erhellungen und Schwächungen beziehen sich Daten mit 2 Dezimalen auf durchbeobachtete Maxima und Minima aus Reihenaufnahmen.

S 8014 Leo — Bedeckungsstern? $12^m.8 - 13^m.3$

Der Stern ist nur auf 2 Platten einer Nacht (243 8146.427 und .470) des Astrographen GB, Feld 92 Leo, stärker geschwächt.

Durchgesehen werden konnten die GB- und GC-Platten des Feldes 92 Leo und die GC-Platten des Feldes 93 Leo.

S 7754 Leo — Bedeckungsstern; $15^m.8 - 16^m.7$

Min. = 243 8089.510 + $0^d.941583 \cdot E$

JD	E	B-R
243 7651.642	−465	$-0^d.032$
8088.56	− 1	−0.01
8089.51	0	0.00
8090.46	+ 1	+0.01
8140.375	54	+0.020
8440.660	373	−0.060
8463.367	+397	+0.049

Auf den Platten des Feldes 93 Leo steht der Stern in einer Ecke, oft weniger als 1 cm vom Rand entfernt. (Astrograph GC). Die Schätzungen auf diesen Platten sind durchweg unsicher und erhöhen stark die Streuung in der mittleren Lichtkurve.

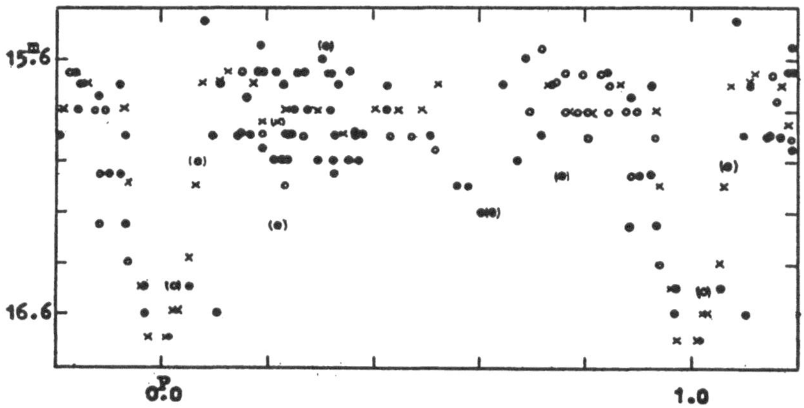

S 7756 Leo RR-Lyrae-Stern; $15^m_.8$ – $17^m_.3$

Max. = 243 8463.454 + $0^d_.463764 \cdot E$

M – m = $0^p_.10$: Typ RRab

JD	E	B–R
243 8090.608	–804	$+0^d_.020$
8111.479	759	+0.022
8112.415	757	+0.030
8410.598	114	+0.013
8411.520	112	+0.008
8415.696	–103	+0.010
8463.454	0	0.000
8464.400	+ 2	+0.018

Die größere Streuung im Minimum der mittleren Lichtkurve erklärt sich durch die Lichtschwäche des Sterns.

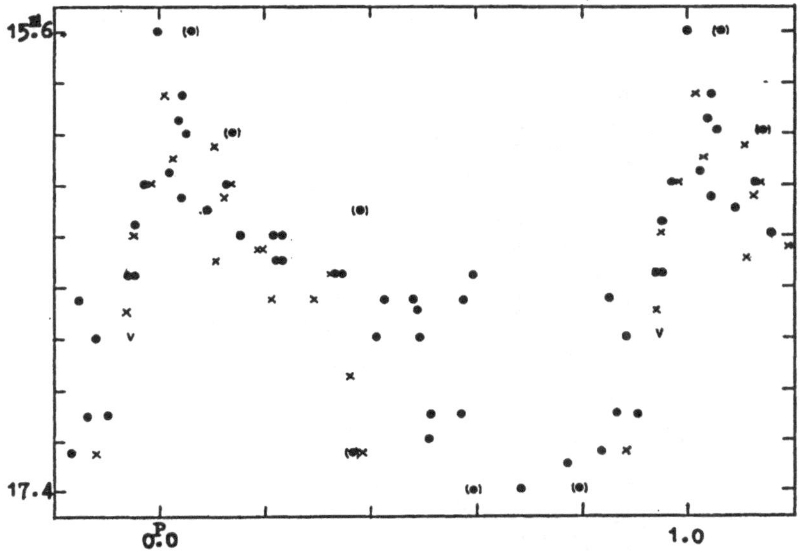

S 8015 Leo U-Geminorum-Stern; $15^m - 17^m$

Es konnten keine anderen als die in der Entdeckungsanzeige angegebenen Feststellungen getroffen werden. Eine zusätzliche Erhellung wurde auf einer Platte des 14-cm-Triplets bei 242 6808.369 beobachtet.

S 8016 Leo Langsam veränderlich (unregelmäßig); $14^m.1 - 14^m.9$

Der geringe Lichtwechsel des rötlichen Sternes erfolgt in langen Wellen; das Objekt war hell 243 7368 (Einzelbeobachtung), 7760, 8145, ferner um oder vor 8390.

Geschätzt auf GB- und GC-Platten der Felder 92 und 93 Leonis.

S 8017 Leo RR-Lyrae-Stern; $14^m.4 - 16^m.3$
Max. = 242 6331.540 + $0^d.500280 \cdot E$
M - m ≈ $0^P.2$ Typ RRab

Der Stern wurde zusätzlich auf Platten des 14-cm-Triplets (F) beobachtet.

JD		E	B-R
242 6331.601	F	0	+0ᵈ.061
6417.526	F	172	-0.062
6801.346	F	939	+0.043
6808.369	F	953	+0.062
7075.565	F	1487	+0.109
7101.549	F	1539	+0.078
7132.488	F	1601	0.000
7153.390	F	1643	-0.110
7154.438	F	1645	-0.063
7155.499	F	1647	-0.002
7156.424	F	1649	-0.078
7158.471	F	1653	-0.032
7422.674	F	2181	+0.023
7867.467	F	3070	+0.067
243 8089.63		23503	+0.01
8090.62		23505	0.00
8091.64		23507	+0.02
8092.62		23509	0.00
8093.63		23511	+0.01
9238.373	F	25799	+0.109

S 8018 Leo RR-Lyrae-Stern; $14^{m}.7 - 16^{m}.2$

Max. = 243 8112.508 + $0^{d}.627701 \cdot E$

M - m = $0^{p}.14$ Typ RRab Abb. S. 419

JD	E	B-R
243 8112.49	0	$-0^{d}.02$
8116.30	6	+0.03
8134.46	35	-0.02
8415.67	483	-0.02
8463.37	559	-0.02
8464.64	561	-0.01

S 8019 Leo W-UMa-Stern; $14^{m}.7 - 15^{m}.5$

Min. = 243 8111.429 + $0^{d}.337221 \cdot E$

$A_2 = 0^{m}.7$

JD	E	B-R
243 7732.585	−1123.5	+0^{d}.024
8088.495	68	−0.003
8106.533	− 14.5	−0.006
8111.437	0	+0.008
8112.621	+ 3.5	+0.012
8113.464	6	+0.012
8113.623	6.5	+0.002
8134.370	68	+0.010
8414.570	899	−0.021
8446.612	994	−0.015
8463.497	1044	+0.009
8464.485	+1047	−0.015

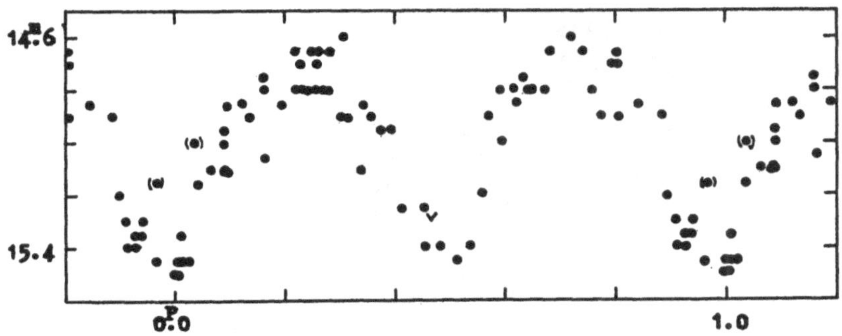

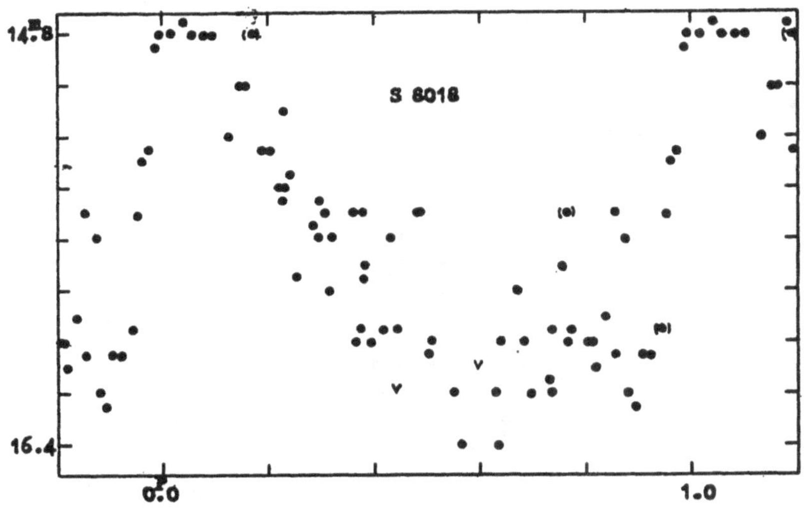

<u>S 8020 Leo</u> Langsam veränderlich (unregelmäßig); $14^m_{.}6 - 15^m_{.}0$

Der Stern ist mit geringer Amplitude langsam veränderlich. Farbe auf dem Palomar-Atlas: ungefärbt oder schwach rot.

<u>S 7759 Leo</u> RR-Lyrae-Stern; $14^m_{.}7 - 16^m_{.}3$

Max. = 243 7651.657 + $0^d_{.}470433$·E

M − m = $0^p_{.}12$ Typ RRab

JD	E	B−R
243 7651.642	0	$-0^d_{.}015$
7732.585	172	+0.014
7752.329	214	−0.001
7790.434	295	−0.001
8050.583	848	−0.001
8083.525	918	+0.011
8113.61	982	−0.01
8116.44	988	0.00
8407.63	1607	−0.01
8447.617	1692	−0.013
8463.63	1726	+0.01
8464.56	1728	0.00
8465.53	1730	+0.02

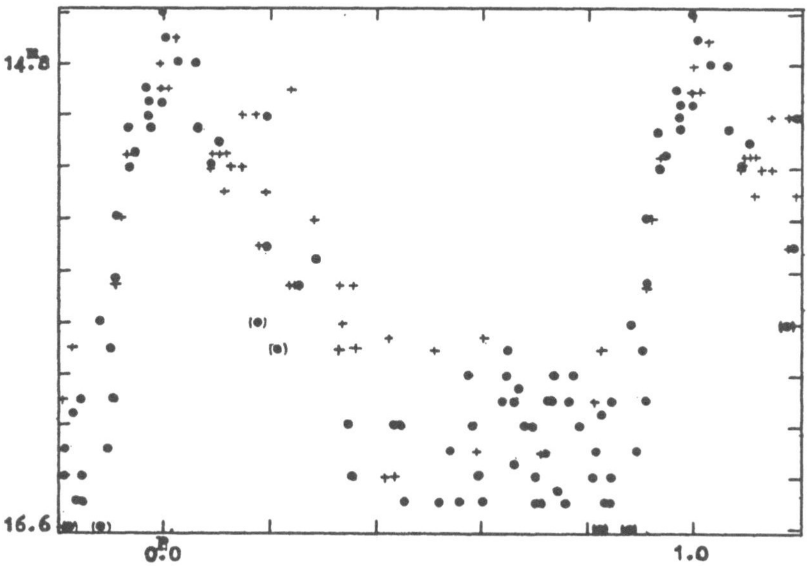

S 8021 Leo RR-Lyrae-Stern; $15^m.7 - 16^m.6$

Max. = 243 8088.534 + $0^d.628125 \cdot E$

M - m = $0^p.15$ Typ RRab

JD	E	B-R
243 8088.56	0	$+0^d.03$
8112.38	38	-0.02
8113.64	40	-0.02
8134.38	73	-0.01
8412.60	516	-0.05
8446.52	570	-0.05
8463.50	597	-0.02

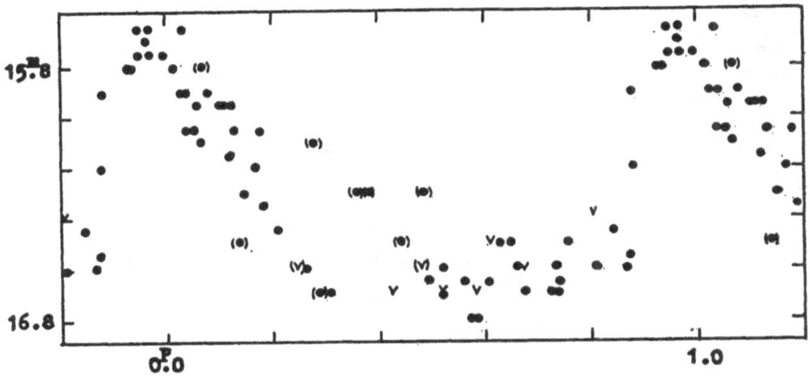

S 7760 Leo Konstant; $14^m.4$

Die Amplitude des Sternes ist, wenn überhaupt reell, derart gering, daß es trotz zahlreicher Beobachtungen (163) nicht gelang, eine Periode zu finden.

S 8022 Leo RR-Lyrae-Stern; $13^m.8 - 14^m.9$

Max. = 243 7731.561 + $0^d.316028 \cdot E$

M - m = $0^p.35$

Die folgenden Zeitpunkte der Maxima wurden mittels einer auf Transparentpapier konstruierten Normalkurve aus der graphischen Darstellung der Nachtreihen abgeleitet:

JD	E	B-R	JD	E	B-R
243 7731.57	0	+0.^{d}01	243 8406.56	2136	−0.^{d}04
7732.53	3	+0.02	8407.53	2139	−0.01
7737.59	19	+0.02	8410.70	2149	−0.01
8089.61	1133	−0.01	8411.66	2152	+0.01
8090.56	1136	−0.01	8412.58	2155	−0.02
8091.52	1139	0.00	8413.52:	2158	−0.03
8111.42	1202	−0.01	8414.48	2161	−0.02
8112.36	1205	−0.01	8416.39	2167	0.00
8113.32	1208	0.00	8447.68	2266	0.00
8113.63	1209	−0.01	8463.49	2316	+0.01
8116.47	1218	−0.01	8464.44	2319	+0.01
8140.49	1294	−0.01	8466.31	2325	−0.02
8142.39	1300	−0.01			

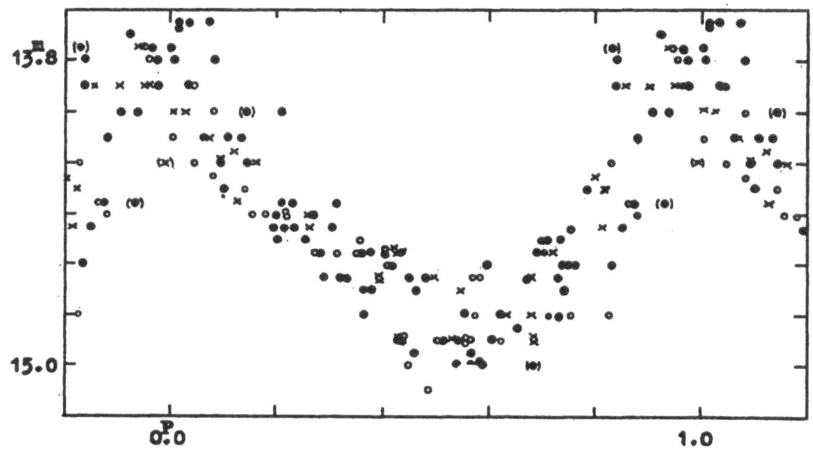

S 8023 Leo RR-Lyrae-Stern; 15.^{m}4 − 16.^{m}6

Max. = 243 8113.581 + 0.^{d}635627·E

M − m = 0.^{p}15 Typ RRab

Die folgenden Maxima wurden aus den Nachtreihen mittels Normalkurve bestimmt.

JD	E	B-R	JD	E	B-R
243 7731.61	−601	+0.^{d}04	243 8411.70	+469	+0.^{d}01
8089.45	38	+0.02	8413.61	472	+0.01
8092.61	33	0.00	8415.54	475	+0.04
8112.34	− 2	+0.03	8439.66	513	0.00
8113.61	0	+0.03	8446.66	524	+0.01
8406.61	+461	0.00	8464.46	552	+0.01
8410.44	+467	+0.02	8466.36	+555	+0.01

Geschätzt auf GC-Platten des Feldes 93 Leo und auf GB-, GC-Platten des Feldes 92 Leo. Für die Zeichnung der mittleren Lichtkurve wurden nur die GC-Aufnahmen von 93 Leo benutzt, da zwischen den Schätzungen beider Felder systematische Unterschiede bestehen.

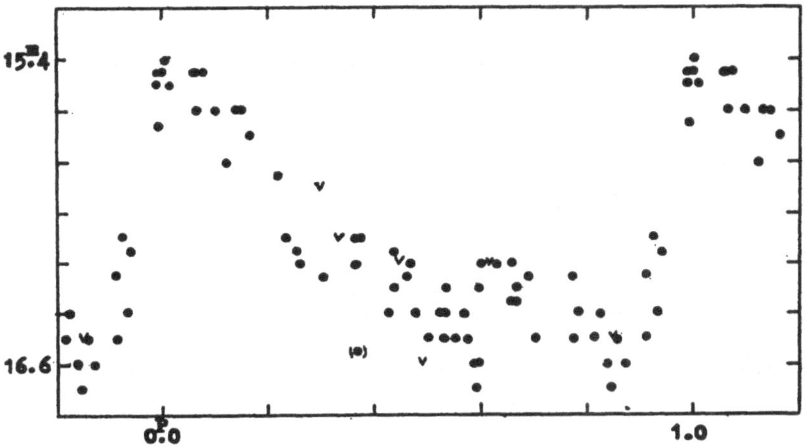

<u>S 8024 Leo</u> RR-Lyrae-Stern; $12^{m}_{\cdot}3$ - $13^{m}_{\cdot}8$

Max. = 243 7732.460 + $0^{d}_{\cdot}502474$·E

M - m = $0^{p}_{\cdot}15$ Typ RRab Abb. S. 424

JD	E	B-R
243 7732.46	0	$0^{d}_{\cdot}00$
8112.31	756	-0.02
8113.31	758	-0.03
8116.32	764	-0.03
8134.45	800	+0.01
8463.56	1455	0.00

<u>S 8025 Leo</u> RR-Lyrae-Stern; $15^{m}_{\cdot}6$ - $16^{m}_{\cdot}3$

Max. = 243 8415.600 + $0^{d}_{\cdot}594935$·E

M - m = $0^{p}_{\cdot}12$ Typ RRab

	JD	E	B-R		JD	E	B-R
243	7731.45	-1150	$+0^{d}.03$	243	8415.58	0	$-0^{d}.02$
	8088.44	550	+0.05		8439.39	+40	-0.01
	8112.22	510	+0.04		8440.55	42	-0.04
	8113.41	508	+0.04		8446.52	52	-0.02
	8116.33	503	-0.02		8457.27	70	+0.02
	8412.64	- 5	+0.01		8464.39	+82	+0.01

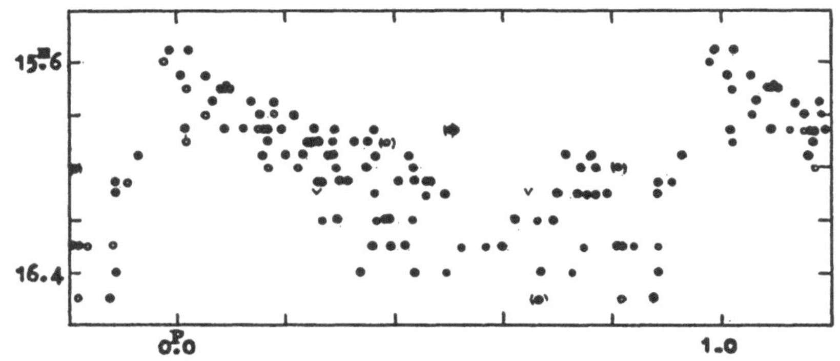

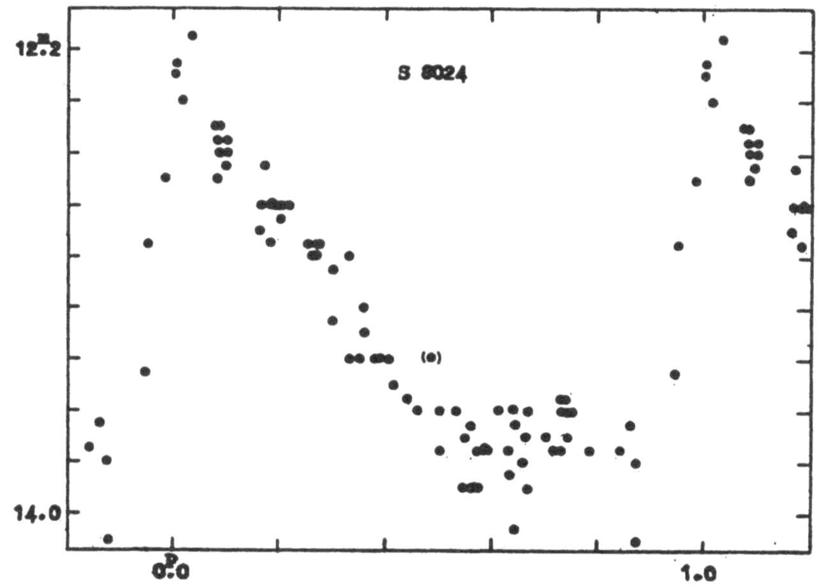

<u>S 8482 Leo</u> Konstant; $16^m_.7$

Auf der Entdeckungsplatte ist das Bild des Sterns durch einen Plattenfehler entstellt; dadurch wird eine Erhellung vorgetäuscht.

<u>S 8026 Leo</u> RR-Lyrae-Stern; $15^m_.5 - 16^m_.8$

Max. = 243 7737.570 + $0^d_.562412 \cdot E$

M - m = $0^p_.13$ Typ RRab

JD	E	B-R
243 7732.48	- 9	$-0^d_.03$
7737.57	0	0.00
7749.368	+ 21	-0.013
8088.51	624	-0.01
8106.53	656	+0.02
8142.535	720	+0.028
8386.598	1154	+0.004
8413.60	1202	+0.01
8439.43	1248	-0.03
8440.59	1250	0.00
8463.63	+1291	-0.01

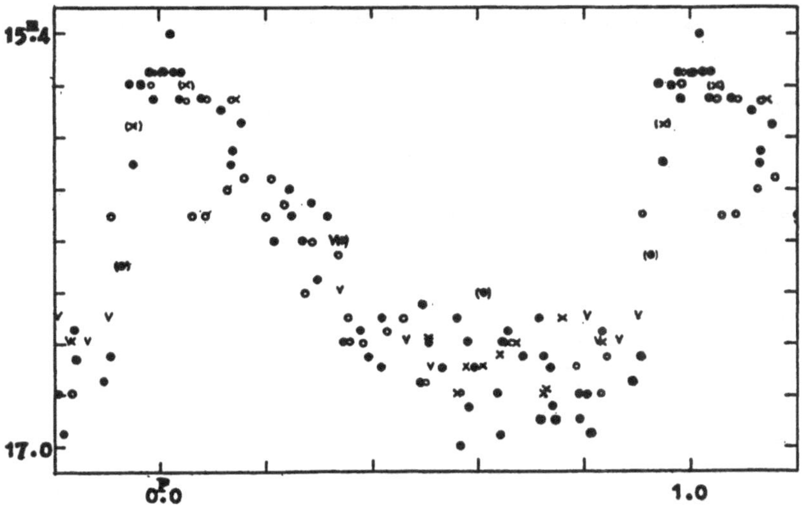

<u>S 8483 Leo</u> RR-Lyrae-Stern; $15^{m}.4 - 16^{m}.3$

Max. = 243 8111.478 + $0^{d}.558974 \cdot E$

M - m = $0^{p}.14$ Typ RRab

JD	E	B-R	JD	E	B-R
243 7731.39	-680	$+0^{d}.01$	243 8116.50	+ 9	$-0^{d}.01$
7732.49	678	0.00	8134.40	41	0.00
7737.51	669	-0.01	8144.46	59	0.00
8088.57	41	+0.01	8416.67	546	-0.01
8106.44	- 9	-0.01	8439.59	587	-0.01
8111.47	0	-0.01	8463.64	630	+0.01
8112.59	+ 2	-0.01	8466.44	+635	+0.01

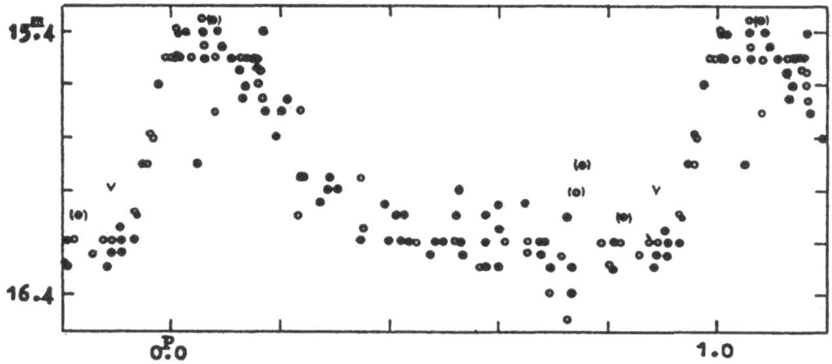

<u>S 8027 Leo</u> Bedeckungsstern; $13^{m}.6 - 15^{m}.1$ Abb. S. 427

Min. = 243 7788.538 + $3^{d}.779167 \cdot E$

JD	E	B-R
243 7788.50	0	$-0^{d}.04$
8060.62	72	-0.02
8113.58	86	+0.03
8385.63	158	+0.02
8816.482	272	+0.011
8854.383	282	+0.120

<u>S 8484 Leo</u> W-UMa-Stern; $15^{m}.3 - 16^{m}.1$

Min. = 243 8106.454 + $0^{d}.269722 \cdot E$

$A_2 = 0^{m}.5$

	JD	E	B-R
243	7732.47	-1386.5	$-0^{d}.01$
	7732.61	1386	-0.01
	8088.51	66.5	-0.01
	8106.453	0	-0.001
	8113.32	+ 25.5	-0.01
	8113.46	26	-0.01
	8113.61	26.5	+0.01
	8116.43	37	0.00
	8140.44	126	0.00
	8413.66	1139	-0.01
	8414.61	1142.5	0.00
	8416.51	1149.5	+0.01
	8416.65	1150	+0.02
	8440.49	1238.5	-0.01
	8440.63	1239	-0.01
	8447.65	1265	0.00
	8503.487	1472	+0.003
	8854.383	2773	-0.009

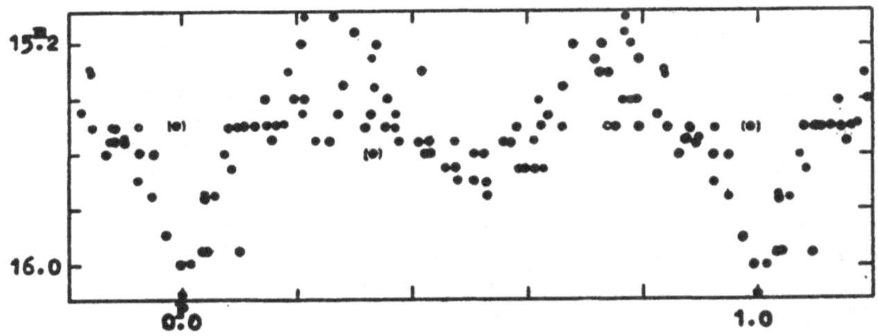

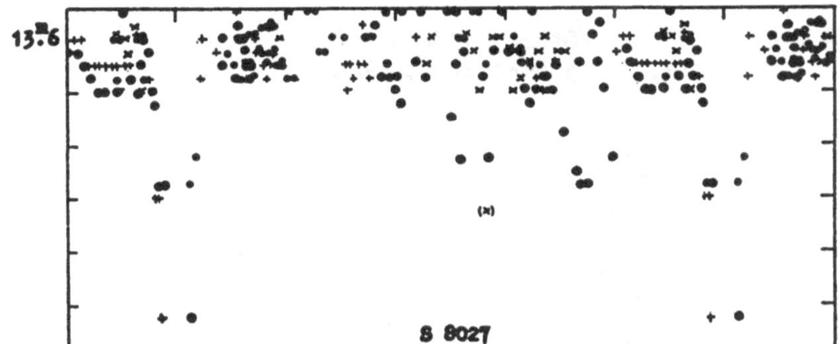

S 9222 Leo RR-Lyrae-Stern; $16^m_.1 - 17^m_.1$

Max. = 243 7647.330 + $0^d_.512565 \cdot E$

M - m = $0^p_.10$ Typ RRab

JD	E	B-R	JD	E	B-R
243 7647.320	0	$-0^d_.010$	243 8410.513	1489	$-0^d_.026$
7649.368	4	-0.012	8411.562	1491	-0.002
7731.436	164	+0.045	8413.633	1495	+0.018
7732.464	166	+0.048	8414.660	1497	+0.020
7788.375	275	+0.090	8415.696	1499	+0.031
8005.627	699	+0.014	8416.682	1501	-0.008
8060.576	806	+0.119	8463.367	1592	+0.034
8083.525	851	+0.002	8464.358	1594	-0.001
8116.359	915	+0.032	8465.451	1596	+0.067
8134.370	950	+0.102	8851.358	2349	+0.013
8162.453	1005	-0.005			

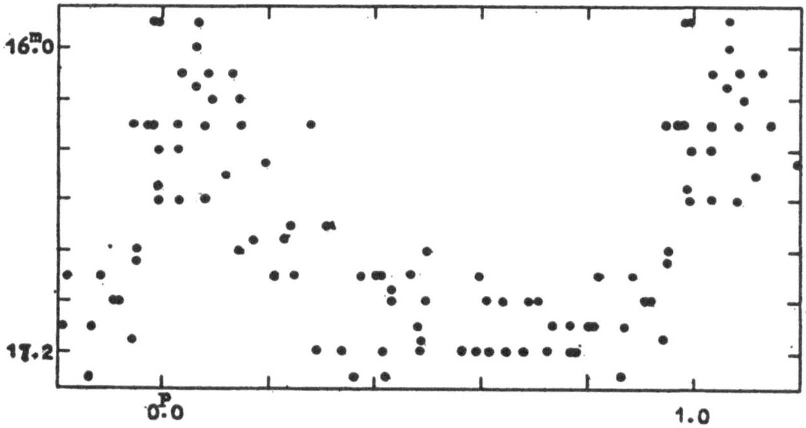

S 8028 Leo RR-Lyrae-Stern; $15^m_.4 - 16^m_.8$

Max. = 243 8116.464 + $0^d_.695030 \cdot E$

M - m = $0^p_.10$ Typ RRab

JD	E	B-R
243 7752.26	-524	$-0^d_.01$
8112.26	- 6	-0.03
8116.45	0	-0.01
8414.61	+429	-0.02
8446.59	475	-0.01
8463.24	499	-0.04
8464.66	501	-0.01
8465.37	+502	0.00

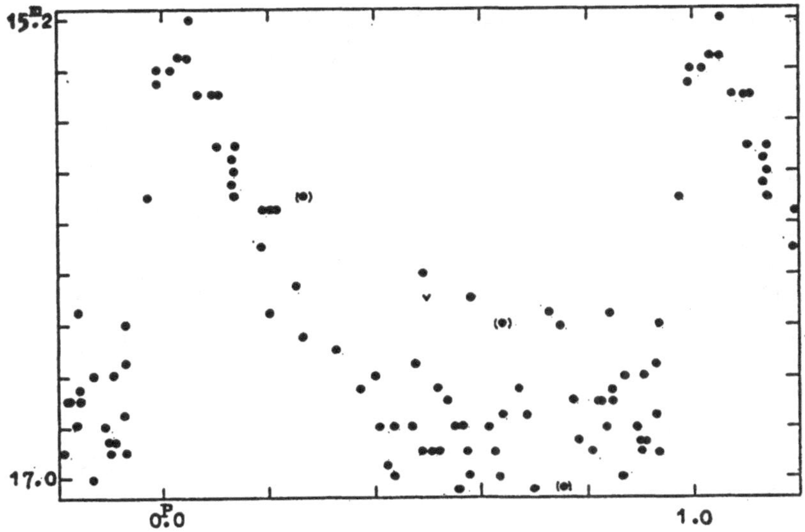

S 7761 Leo RR-Lyrae-Stern; $13^m_.4 - 15^m_.1$
Max. = 243 8091.59 + $0^d_.56643 \cdot E$
Typ RRab

Der Stern zeigt eine ausgeprägte Veränderlichkeit der Gestalt der Lichtkurve; die sekundäre Periode ist schwer feststellbar. Die Angabe von (B-R)-Werten isolierter heller Beobachtungen ist sinnlos, da man über die wirkliche Höhe der betreffenden Maxima nichts aussagen kann. Die folgenden Maxima sind auf Reihenplatten gut bestimmt:

JD	Gr.	E	B-R
243 8091.59	$14^m_.1$	0	$0^d_.00$
8111.45	13.4	35	+0.03
8112.53	13.7	37	-0.02
8116.50	13.8	44	-0.01
8407.69	14.1	558	+0.03
8415.59	13.7:	572	0.00
8416.70	14.1	574	-0.02
8465.43	13.4	660	0.00

Geschätzt auf GB- und GC-Platten des Feldes 93 Leo; GB- und GC-Platten des Feldes 92 Leo wurden nach Erhellungen abgesucht.

S 7762 Léo RR-Lyrae-Stern; $14^m_.4 - 15^m_.7$

Max. = 243 7650.595 + $0^d_.600469 \cdot E$

M - m = $0^p_.11$ Typ RRab

JD	E	B-R	JD	E	B-R
243 7650.660	0	$+0^d_.065$	243.8116.573	776	$+0^d_.014$
7747.320	161	+0.049	8385.581	1224	+0.011
8003.655	588	-0.016	8412.631	1269	+0.040
8050.498	666	-0.010	8412.677	1269	+0.086
8083.525	721	-0.008	8415.591	1274	-0.002
8112.373	769	+0.017	8463.653	1354	+0.022
8113.581	771	+0.024	8465.459	1357	+0.019

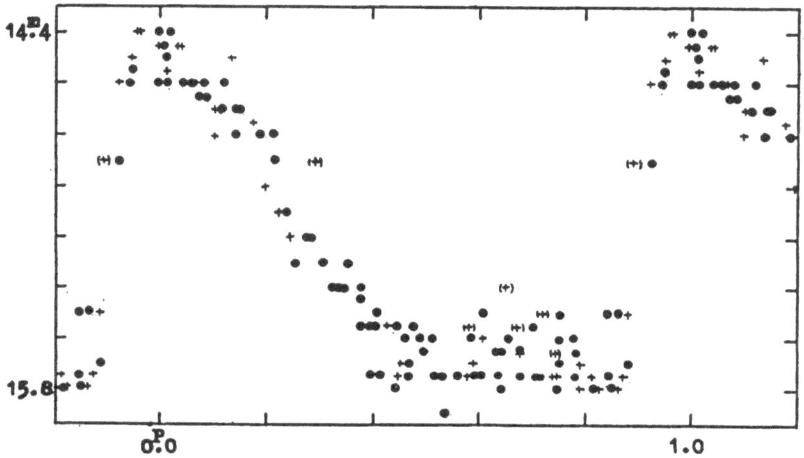

S 7763 Leo W-UMa-Stern; $11^m_.8 - 12^m_.6$

Min. = 243 7651.650 + $0^d_.303429 \cdot E$

$A_2 = 0^m_.7$

JD	E	B-R	JD	E	B-R
243 7651.642	0	$-0^d_.008$	243 8414.61	2514.5	$-0^d_.01$
7737.528	283	+0.008	8415.69	2518	+0.01
8111.50	1515.5	0.00	8446.62	2620	-0.01
8112.41	1518.5	0.00	8457.402	2655.5	-0.003
8112.56	1519	0.00	8458.315	2658	0.000
8113.47	1522	0.00	8463.48	2675.5	+0.01
8113.62	1522.5	0.00	8463.62	2676	-0.01
8116.34	1531.5	-0.01	8464.39	2678.5	+0.01
8116.50	1532	0.00	8464.54	2679	0.00
8134.412	1591	+0.007	8465.45	2682	0.00
8412.65	2508	0.00	8466.34	2685	-0.02

Die Schätzung des Sterns war erschwert durch die relativ große Helligkeit.

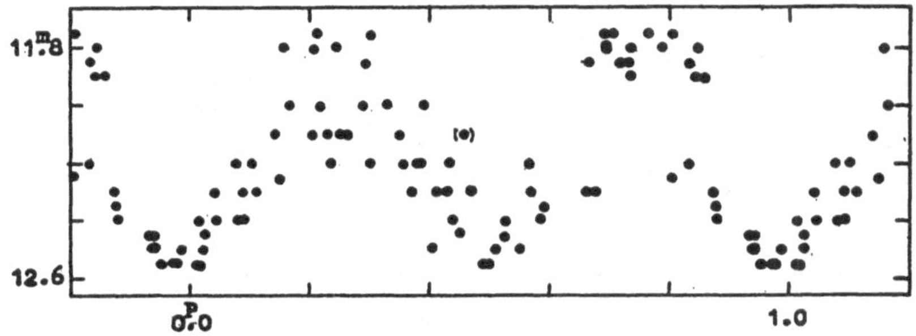

S 8485 Leo — RR-Lyrae-Stern: $15^m.6 - 16^m.8$

Max. = 243 8439.488 + $0^d.500173 \cdot E$

M - m = $0^p.10$ — Typ RRab

JD	E	B-R	JD	E	B-R
243 8111.40	-656	$+0^d.02$	243 8162.39	-554	$0^d.00$
8112.39	654	+0.02	8416.50	- 46	+0.02
8113.39	652	+0.02	8439.49	0	0.00
8116.38	646	0.00	8463.51	+ 48	+0.01
8134.39	610	+0.01	8464.50	50	0.00
8140.38	598	0.00	8465.508	+ 52	+0.011
8142.39	-594	0.00			

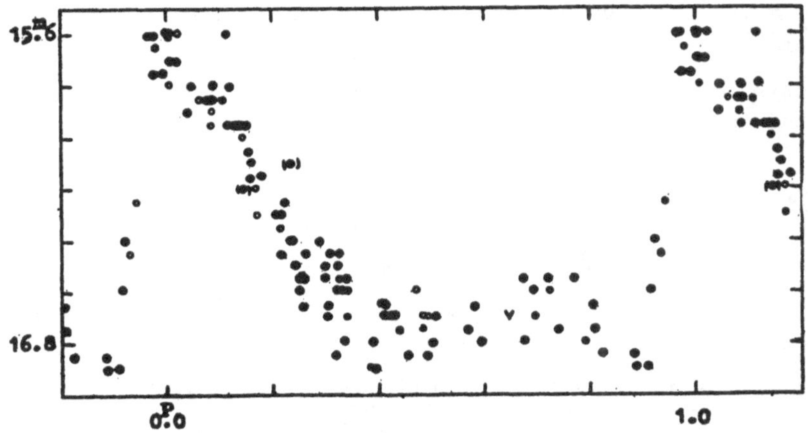

S 8029 Leo — W-UMa-Stern; $13^m.8 - 14^m.5$

Min. = 243 7650.654 + $0^d.281932 \cdot E$

$A_2 = 0^m.6$

JD	E	B-R	JD	E	B-R
243 7650.657	0	$+0^d.003$	243 8113.45	1641.5	$0^d.00$
8088.495	1553	+0.001	8113.58	1642	-0.01
8106.533	1617	-0.005	8116.40	1652	-0.01
8111.479	1634.5	+0.007	8116.54	1652.5	-0.01
8112.31	1637.5	-0.01	8134.456	1716	+0.007
8112.47	1638	+0.01	8446.55	2823	0.00
8112.60	1638.5	0.00	8457.402	2861.5	0.000
8113.30	1641	0.00	8463.611	2883.5	+0.007

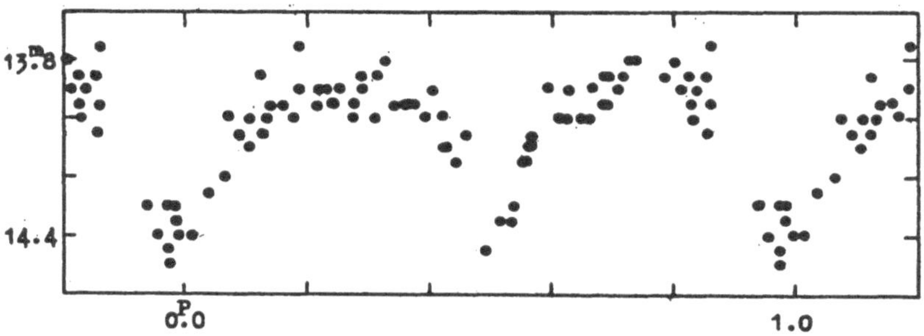

S 8030 Leo — Langsam veränderlich (unregelmäßig):

$14^m.9 - 15^m.4$

Langsame unregelmäßige Änderungen kleiner Amplitude. Die schwache Helligkeit in der zeitlichen Nachbarschaft der Entdeckungsplatte (um 243 8085) wird innerhalb des Beobachtungsmaterials nur noch einmal erreicht (243 8385).

Geschätzt auf GC-Platten der Felder 92 und 93 Leonis und auf GB-Platten des Feldes 93 Leonis.

S 8031 Leo — RR-Lyrae-Stern; $11^m.5 - 12^m.2$

Max. = 243 7788.465 + $0^d.738889 \cdot E$

M - m = $0^p.22$ Typ RRab

JD	E	B-R	JD	E	B-R
243 7788.48	0	$+0^d.01$	243 8407.63	838	$-0^d.02$
8050.76	355	-0.01	8415.78	849	0.00
8088.46	406	+0.01	8462.314	912	-0.018
8113.58	440	0.00	8464.55	915	0.00
8116.52	444	-0.01	8496.376	958	+0.055

Die relativ große Helligkeit des Sterns und die damit verbundene ungünstige Lage der Vergleichssterne erschweren die Beobachtungen.

Über die grundsätzliche Richtigkeit der Periode bestehen keine Zweifel. Auch die Sonnenlücken zwischen den 3 Beobachtungsabschnitten dürften richtig überbrückt sein.

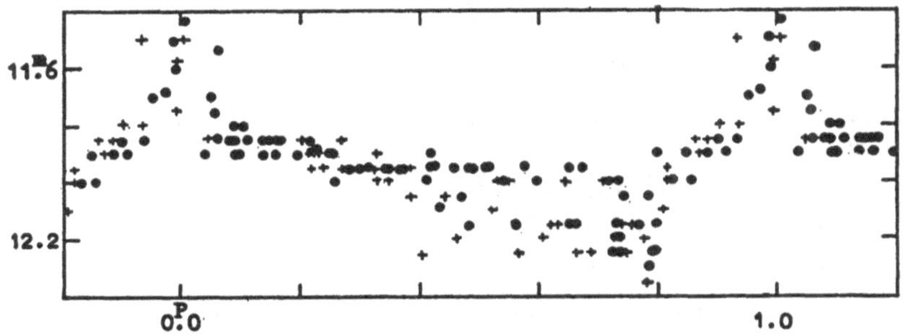

S 7764 Leo   Unbekannt; $16^m.0 - 16^m.3$

Die Amplitude des Lichtwechsels ist mit $0^m.3$ wesentlich kleiner als in der Entdeckungsanzeige angegeben. Aus diesem Grunde und wegen der Lichtschwäche des Sterns gelang es nicht, zufällige Streuung und reelle Schwankungen zu trennen.

S 8032 Leo   RR-Lyrae-Stern; $15^m.4 - 17^m.4$

Max. = 243 7731.470 + $0^d.493724 \cdot E$

M - m = $0^p.15$ Typ RRab

JD	E	B-R
243 7731.47	0	$0^d.00$
7732.46	2	0.00
8089.43	725	+0.01
8112.62	772	0.00
8113.62	774	+0.01
8439.47	1434	0.00
8440.46	1436	0.00

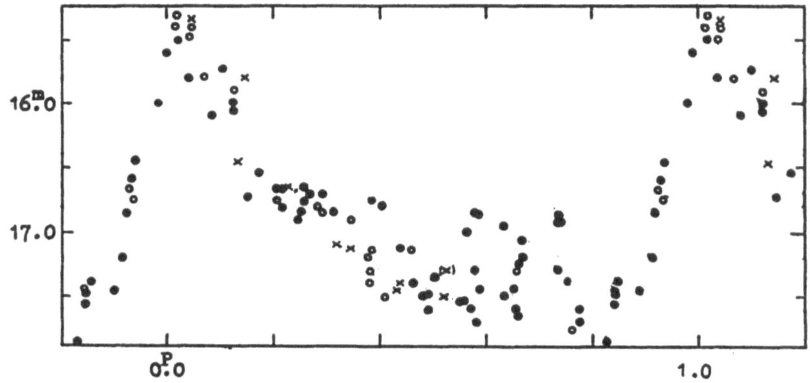

S 8033 Leo — Algol-Stern; $15^m_.0 - 16^m_.2$

Min. = 243 8093.656 + $1^d_.703688 \cdot E$

D = $0^p_.07$ d = $0^p_.00$

	JD	E	B–R		JD	E	B–R
243	7732.485	−212	$+0^d_.011$	243	8146.470	+ 31	$0^d_.000$
	7737.584	209	−0.001		8410.57	186	+0.03
	8083.440	6	+0.006		8415.67	189	+0.02
	8088.55	− 3	+0.01		8439.488	203	−0.017
	8093.656	0	0.000		8463.367	+217	+0.011
	8112.40	+ 11	0.00				

Geschätzt: GC-Platten der Felder 92 Leo und 93 Leo. Auf GB-Platten der Felder 92 Leo und 93 Leo wurde nach Minima gesucht.

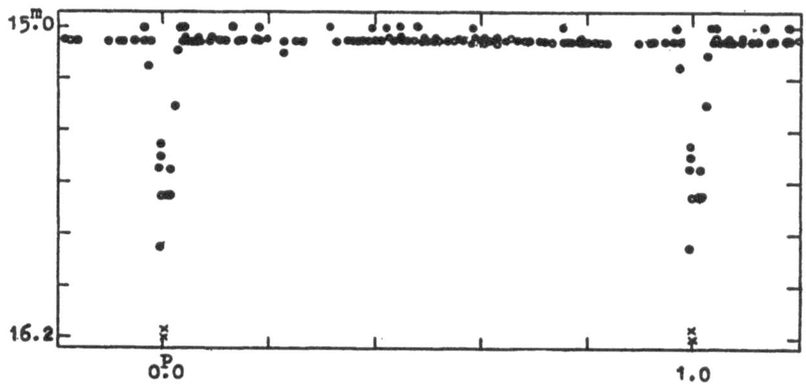

S 8034 Leo   Langsam veränderlich (unregelmäßig);
$15^{m}.5 - 15^{m}.8$

Geringer langsamer Lichtwechsel; ein Minimum von etwa 30^{d} Länge bei 243 8455 ist der einzige ausgeprägte Zug in der Lichtkurve.

Geschätzt auf GB- und GC-Platten der Felder 92 und 93 Leo.

S 7765 Leo   RR-Lyrae-Stern; $15^{m}.3 - 15^{m}.9$
Max. = 243 8112.480 + $0^{d}.629652 \cdot E$
M – m = $0^{p}.10$ Typ RRab

JD	E	B–R	JD	E	B–R
243 7651.642	–732	$+0^{d}.067$	243 8406.56	+467	$+0^{d}.04$
8088.58	38	+0.03	8411.56	475	0.00
8090.47	35	+0.03	8416.59	483	–0.01
8093.60	– 30	+0.01	8464.44	559	–0.01
8146.470	+ 54	–0.011	8466.33	+562	–0.01

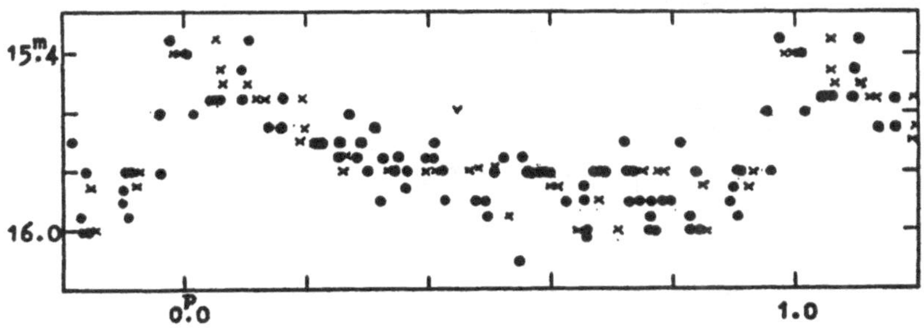

S 7766 Leo   RR-Lyrae-Stern; $13^{m}.0 - 14^{m}.6$
Max. = 243 8112.368 + $0^{d}.550580 \cdot E$
M – m = $0^{p}.12$ Typ RRab

JD	E	B–R	JD	E	B–R
243 8112.36	0	$-0^{d}.01$	243 8447.660	609	$-0^{d}.011$
8113.47	2	0.00	8463.65	638	+0.01
8162.452	91	–0.019	8466.41	643	+0.02
8446.569	607	–0.001			

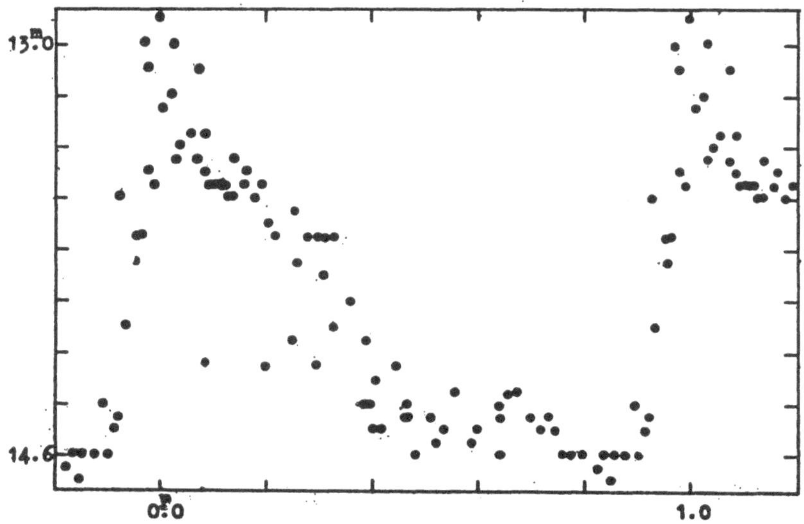

S 8035 Leo Veränderlicher mit mittellanger Periode;

$15^m.1 - 16^m.0$

Max. = 243 7795.2 + $69^d.67 \cdot E$

M − m = $0^p.4$

JD	E	B-R	
243 7368	− 6	-9^d	*
7650	2	−6	*
7731	− 1	+5	
7790	0	−5	
8003	+ 3	−1	
8075	4	+1	
8140	5	−4	
8422	9	0	
8500:	+10	+8	*

* Helle Einzelbeobachtungen oder einzelne helle Nachtmittelwerte.

Geschätzt auf GB- und GC-Platten der Felder 92 und 93 Leonis.

S 8036 Leo Langsam veränderlich (unregelmäßig);

$15^m.0 - 15^m.3$

Der rötliche Stern ist auf den meisten Platten konstant. Lediglich in 2 Nächten, und zwar 243 8050 (5 Platten) und 8060 (4 Platten) - dazwischen liegende Aufnahmen fehlen -, ist er leicht geschwächt.

Geschätzt auf GB- und GC-Platten der Felder 92 und 93 Leonis.

<u>S 8037 Leo</u> Langsam veränderlich (unregelmäßig);

$14^{m}.4 - 14^{m}.9$

Der merklich gefärbte Stern zeigt auf den untersuchten Platten 3 Erhellungen (243 7368, 8440, 8502); die Zeitpunkte der Maxima sind wegen Beobachtungslücken nicht genau festlegbar. Zwischen 243 8050 und 8162 scheint kein wesentlicher Lichtwechsel vorzuliegen (Helligkeit $14^{m}.9$). Der Veränderliche ist wahrscheinlich unregelmäßig.

Geschätzt auf GB- und GC-Platten der Felder 92 und 93 Leonis.

<u>S 7767 Leo</u> RR-Lyrae-Stern; $11^{m}.6 - 12^{m}.4$

Max. = 243 8458.285 + $0^{d}.547231 \cdot E$

M - m = $0^{p}.10$ Typ RRab

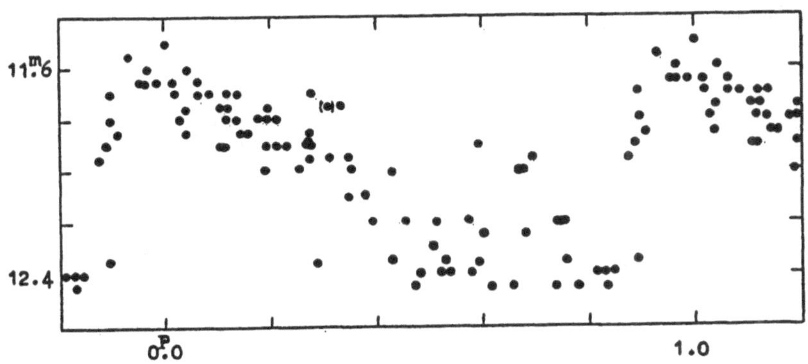

JD	E	B-R	JD	E	B-R
243 7737.587	-1317	$+0^{d}.005$	243 8415.591	- 78	$-0^{d}.010$
8106.41	643	-0.01	8458.315	0	+0.030
8112.42	632	-0.02	8464.33	+ 11	+0.03
8113.54	630	+0.01	8465.39	+ 13	-0.01
8414.500	- 80	-0.007			

Geschätzt auf GC-Platten des Feldes 93 Leo. Der Stern ist relativ hell für die Platten; die Vergleichssterne sind ungünstig gelegen.

S 7768 Leo RR-Lyrae-Stern; $12^{m}.2$ - $13^{m}.7$

Max. = 243 8112.368 + $0^{d}.462145$·E

M - m = $0^{p}.11$ Typ RRab

JD	E	B-R	JD	E	B-R
243 8111.45	- 2	$+0^{d}.01$	243 8414.612	+654	$+0^{d}.001$
8112.373	0	+0.005	8463.59	760	-0.01
8113.295	+ 2	+0.002	8464.52	762	0.00
8116.52	9	-0.01	8465.451	764	+0.004
8413.675	+652	-0.012	8466.375	+766	+0.003

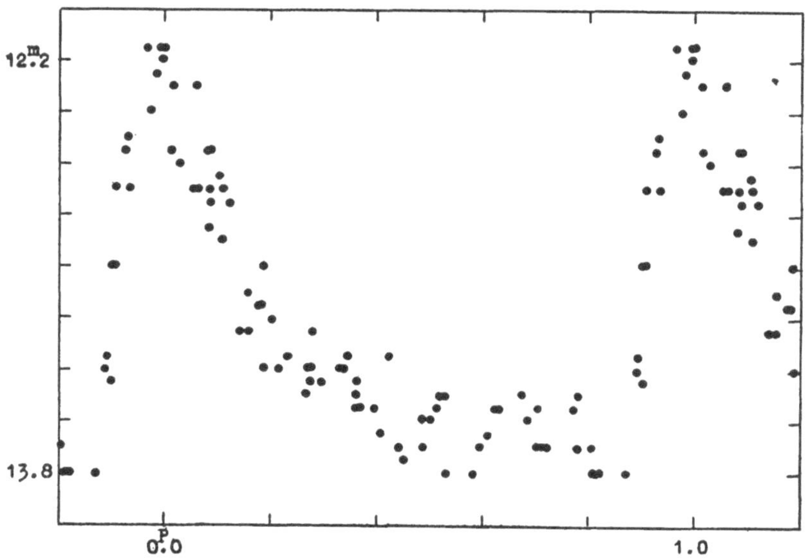

S 8038 Leo   Langsam veränderlich (unregelmäßig);
$10\overset{m}{.}6 - 11\overset{m}{.}1$

Schätzungen auf Überwachungsplatten der Jahre 1956 bis 1965 Februar lassen ein Minimum von etwa 40^d Länge um 243 6260 und ein durch eine kurze Erhebung unterbrochenes Minimum zwischen 243 7992 (davor Beobachtungslücke) und 8150 erkennen. Rascheste festgestellte Änderung: Aufstieg von $0\overset{m}{.}5$ in 9^d. Die übrigen Beobachtungen zeigen den Stern im schwach und sehr langsam veränderlichen hellen Licht. Für die GB- und GC-Platten zu hell.

S 8039 Leo   Langperiodisch; $15\overset{m}{.}9$ – [$17\overset{m}{.}0$

Von dem Stern wurden 2 Maxima durchbeobachtet. Diese und einige weitere helle Beobachtungen führen auf die genäherten Elemente:

Max. = 243 7735 + 125^d·E

Maxima (M) und Gruppen heller Beobachtungen:

243 7352:
7735 (M)
8003
8113 (M)
8499

Laut Palomar-Karten 103 schwach rötlich.

Geschätzt auf GB- und GC-Platten der Felder 92 und 93 Leonis.

S 8486 Leo   RR-Lyrae-Stern; $16\overset{m}{.}0 - 17\overset{m}{.}0$
Max. = 243 7647.320 + $0\overset{d}{.}348384$·E
M – m = $0\overset{p}{.}20$ Typ RRc

JD	E	B–R	JD	E	B–R
243 7647.320	0	$0\overset{d}{.}000$	243 8093.665	1281	$+0\overset{d}{.}065$
7652.499	15	–0.047	8410.636	2191	+0.007
8089.397	1269	–0.022	8411.660	2194	–0.014
8090.525	1272	+0.061	8414.570	2202	+0.108
8091.580	1275	+0.070			

JD	E	B-R	JD	E	B-R
243 8415.590	2205	$+0^d.083$	243 8842.419	3430	$+0^d.142$
8447.640	2297	+0.082	8851.358	3456	+0.023
8464.358	2345	+0.078	8852.390	3459	+0.010
8465.400	2348	+0.074	9204.577	4470	-0.019
8496.377	2437	+0.045			

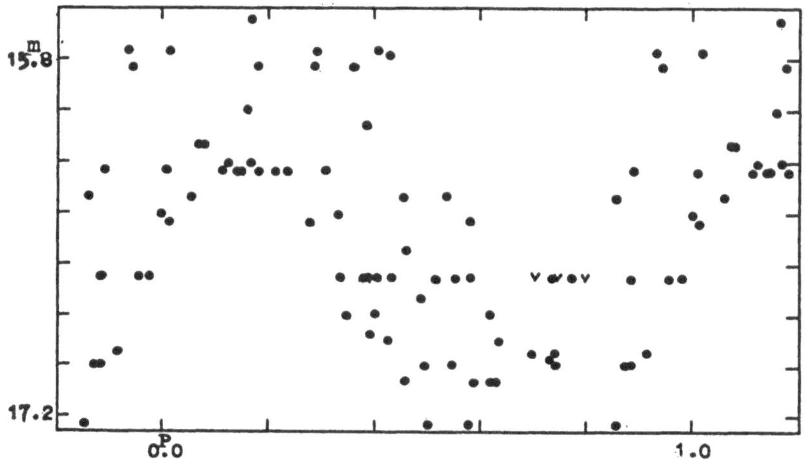

S 8040 Leo   Langsam veränderlich (unregelmäßig); $14^m.0 - 14^m.6$

Es treten Wellen verschiedener Länge in der Lichtkurve auf, z.B. ein langes flaches Minimum zwischen 243 8000 und 8160, ein langes Maximum zwischen 8380 und 8500Ø, ein kurzes Maximum zwischen 7730 und 7790. Rascheste beobachtete Änderung: Abstieg von $14^m.1$ bis $14^m.5$ zwischen 8817 und 8842.

Geschätzt auf GB- und GC-Platten der Felder 92 und 93 Leonis.

S 8041 Leo   RR-Lyrae-Stern; $15^m.8 - 16^m.7$

Max. = 243 7732.600 + $0^d.619982 \cdot E$

M - m = $0^p.12$ Typ RRab

JD	E	B-R	JD	E	B-R
243 7732.60	0	$0^d.00$	243 8116.35	619	$-0^d.02$
7737.584	8	+0.024	8134.34	648	-0.01
7749.368	27	+0.028	8414.58	1100	0.00
8088.48	574	+0.01	8457.35	1169	-0.01
8106.46	603	+0.01	8463.57	1179	+0.01
8111.42	611	+0.01	8465.41	1182	-0.01
8112.63	613	-0.02			

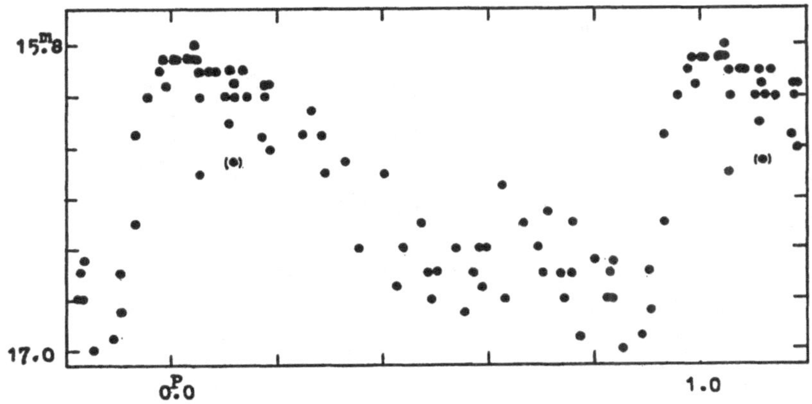

S 7769 Leo   RR-Lyrae-Stern; $13^m.6 - 15^m.0$

Max. = 243 8112.365 + $0^d.543766 \cdot E$

M - m = $0^p.14$ Typ RRab

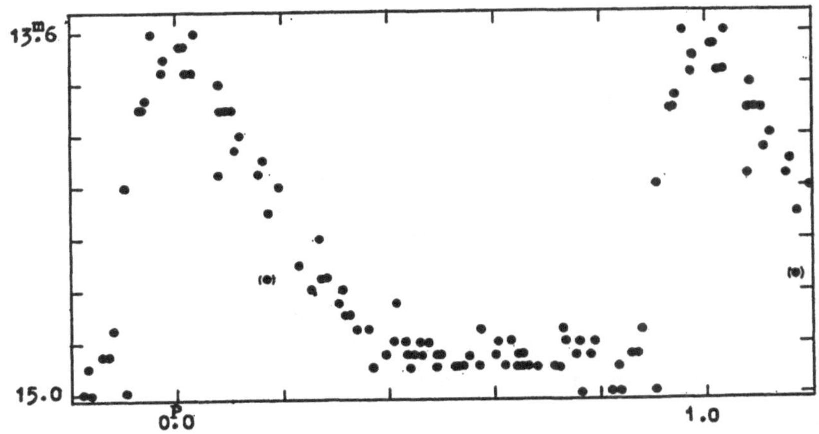

JD	E	B-R	JD	E	B-R
243 8112.37	0	$0^d.00$	243 8414.69	556	$-0^d.01$
8113.46	2	+0.01	8463.64	646	0.00
8162.413	92	+0.021	8466.35	651	-0.01
8413.59	554	-0.02			

S 8042 Leo — RR-Lyrae-Stern; $13^m.5 - 14^m.6$

Max. = 243 8116.530 + $0^d.361732 \cdot E$

M - m = $0^p.17$ Typ RRab

JD	E	B-R	JD	E	B-R
243 8112.58	- 11	$+0^d.03$	243 8415.71	+827	$+0^d.03$
8113.65	- 8	+0.01	8457.26	942	-0.02
8116.54	0	+0.01	8463.44	959	+0.01
8162.47	+127	0.00	8464.52	962	0.00
8413.53	821	+0.02	8466.36	+967	+0.04
8414.60	+824	0.00			

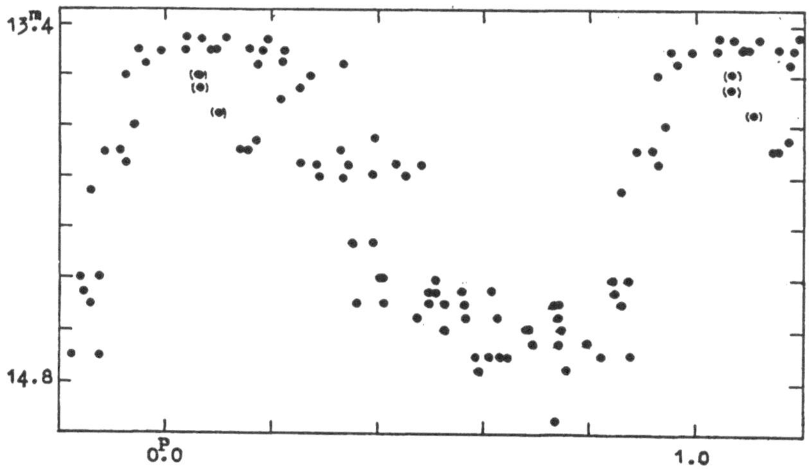

S 7770 Com — RR-Lyrae-Stern; $15^m.8 - 16^m.8$

Max. = 243 7752.410 + $0^d.54416 \cdot E$

M - m = $0^p.07$ Typ RRab

JD	E	B-R
243 7752.390	0	$-0^d.020$
8085.440	612	+0.004
8093.665	627	+0.067
8134.420	702	+0.010

JD	E	B-R
243 8171.400	770	$-0\overset{d}{.}013$
8413.550	1215	-0.014
8439.650	1263	-0.034
8472.390	1323	+0.046
8473.480	1325	+0.058
8496.377	1367	+0.100
9200.402	2661	-0.018

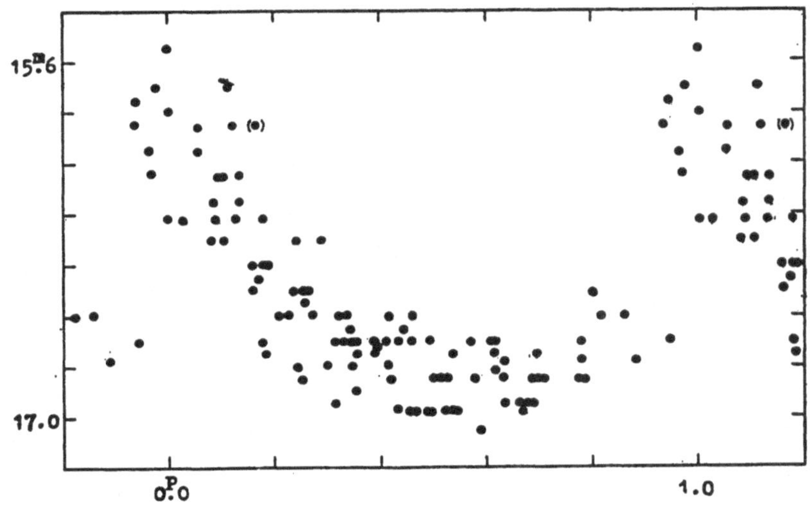

S 8043 Com   β -Lyrae-Stern; $13\overset{m}{.}9 - 14\overset{m}{.}6$

Min. = 243 7669.465 + $1\overset{d}{.}00872 \cdot E$

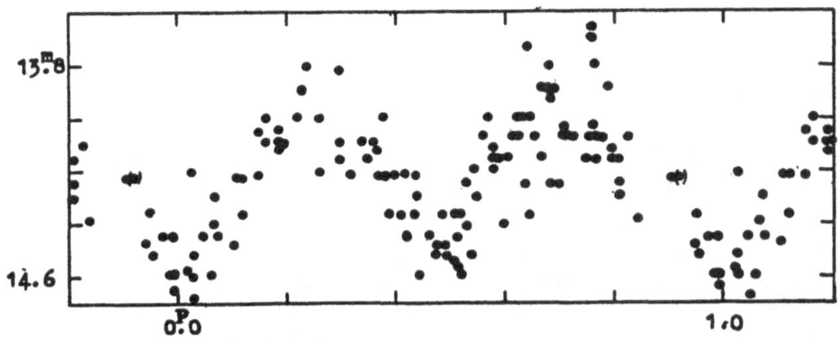

JD	E	B–R	JD	E	B–R
243 7669.525	0	$+0\overset{d}{.}060$	243 8416.524	740.5	$+0\overset{d}{.}102$
7778.400	108	−0.007	8439.651	763.5	+0.028
7779.420	109	+0.005	8440.654	764.5	+0.023
8085.550	412,5	−0.012	8471.434	795	+0.037
8089.591	416.5	−0.006	8472.420	796	+0.014
8090.581	417.5	−0.025	8473.440	797	+0.025
8091.590	418.5	−0.024	8870.365	1190.5	+0.019
8134.484	461	−0.001			

S 8044 Com — RR-Lyrae-Stern; $14\overset{m}{.}6 - 16\overset{m}{.}3$

Max. = 243 8085.483 + $0\overset{d}{.}49325 \cdot E$

M − m = $0\overset{p}{.}08$ Typ RRab

JD	E	B–R	JD	E	B–R
243 8085.483	0	$0\overset{d}{.}000$	243 8440.608	720	$-0\overset{d}{.}015$
8089.397	8	−0.032	8473.610	787	−0.061
8134.395	99	+0.080	8496.377	833	+0.017
8439.651	718	+0.014	9180.554	2220	+0.056

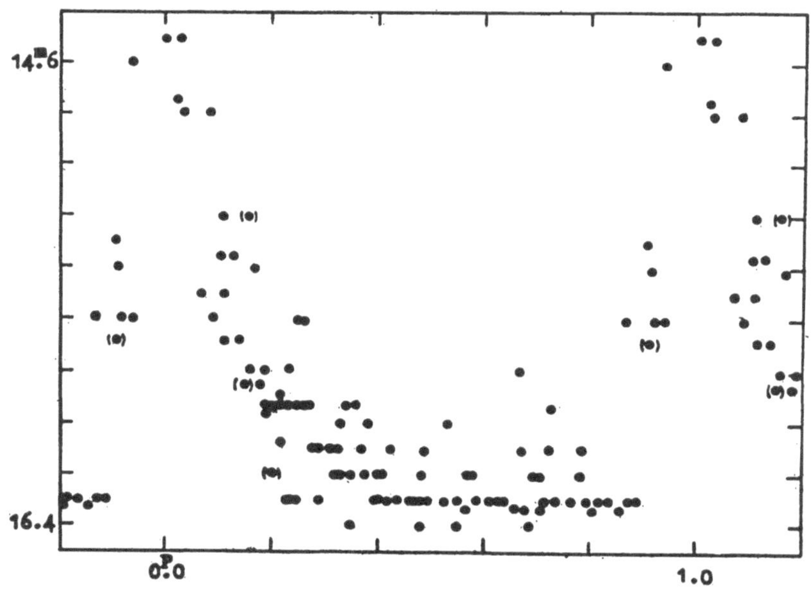

S 8045 Com   Konstant; $15^{m}.1$

Der Stern zeigt nur eine geringe Streuung und ist als völlig konstant zu betrachten.

S 7771 Com   RR-Lyrae-Stern; $13^{m}.4$ - $15^{m}.3$

Max. = 243 7669.490 + $0^{d}.461039 \cdot E$

M - m = $0^{p}.10$ Typ RRab

JD	E	B-R	JD	E	B-R
243 7669.525	0	$+0^{d}.035$	243 8407.630	1601	$+0^{d}.027$
7752.500	180	+0.023	8412.690	1612	+0.005
7759.406	195	+0.013	8413.611	1614	+0.004
8089.483	911	-0.014	8439.460	1670	+0.035
8093.665	920	+0.019	8472.610	1742	-0.010
8172.485	1091	+0.001	8473.524	1744	-0.018
8173.409	1093	+0.003	9233.360	3392	+0.026

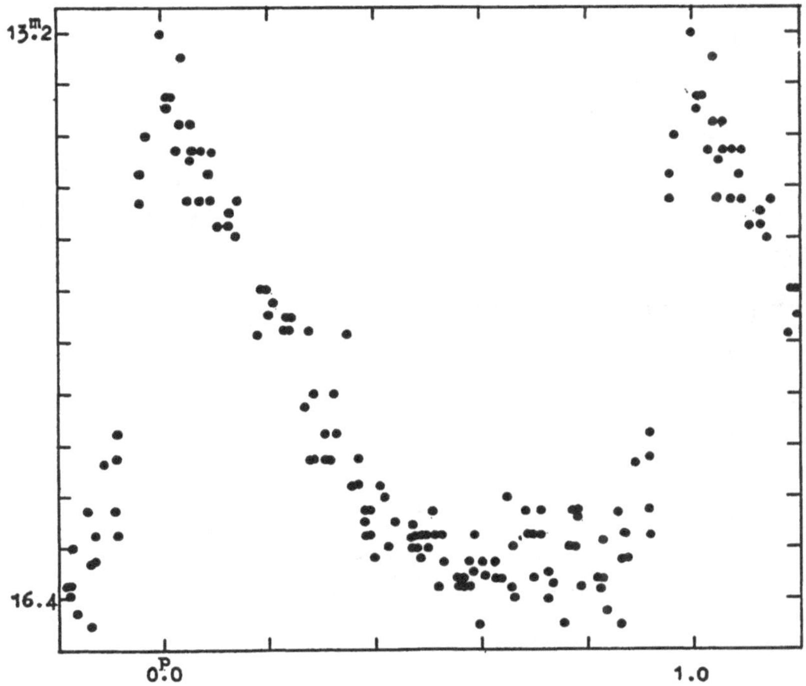

<u>S 8046 Com</u> RR-Lyrae-Stern; $15^{m}_{\cdot}3 - 15^{m}_{\cdot}9$
Max. = 243 7668.503 + $0^{d}_{\cdot}73838$·E
M - m = $0^{p}_{\cdot}12$ Typ RRab

JD	E	B-R	JD	E	B-R
243 7668.503	0	$0^{d}_{\cdot}000$	243 8171.400	681	$+0^{d}_{\cdot}060$
8006.636	458	-0.045	8407.630	1001	+0.009
8085.652	565	-0.036	8416.524	1013	+0.042
8089.397	570	+0.017	8472.570	1089	-0.029
8091.562	573	-0.033	8817.511	1556	+0.089
8134.395	631	-0.026			

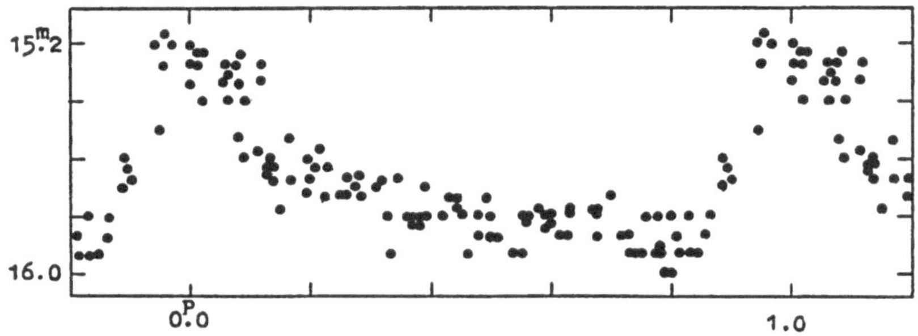

<u>SU Com</u> RR-Lyrae-Stern; $14^{m}_{\cdot}9 - 15^{m}_{\cdot}9$
Max. = 242 2807.520 + $0^{d}_{\cdot}603411$·E
M - m = $0^{p}_{\cdot}20$ Typ RRab

Die Form des Maximums scheint etwas veränderlich zu sein. Die Lichtkurve wurde nach den Beobachtungen von BAADE (AN <u>244</u>, p.153) gezeichnet.

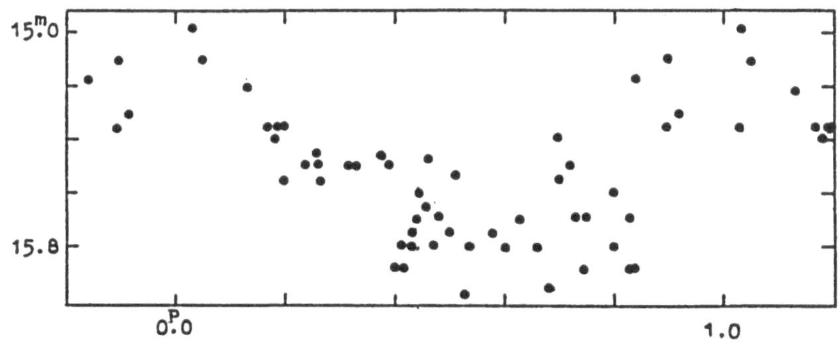

JD	E	B-R	JD	E	B-R
242 2807.459B	0	$-0^d.061$	243 8085.360	25319	$+0^d.084$
3134.474B	542	-0.095	8089.591	25326	+0.092
5321.359B	4166	+0.030	8092.600	25331	+0.084
5322.558B	4168	+0.022	8170.401	25460	+0.045
243 7737.689	24743	-0.022	8173.450	25465	+0.077
7759.406	24779	-0.028	8471.391	25959	-0.067
8005.671	25187	+0.046	9204.577	27174	-0.025

B = BAADE

S 7772 Com   RR-Lyrae-Stern; $13^m.7 - 14^m.3$

Max. = 243 7668.450 + $0^d.73359 \cdot E$

M - m = $0^p.17$ Typ RRab

JD	E	B-R	JD	E	B-R
243 7668.503	0	$+0^d.053$	243 8411.680	1013	$+0^d.103$
7759.406	124	-0.009	8413.695	1016	-0.082
8006.636	461	+0.001	8416.652	1020	-0.060
8089.500	574	-0.031	8439.482	1051	+0.029
8091.700	577	-0.031	8472.432	1096	-0.035
8092.600	578	+0.135	9146.606	2015	-0.028
8134.395	635	+0.115	9204.577	2094	-0.010
8169.443	583	-0.049	9205.433	2095	+0.112
8172.443	687	+0.017	9233.360	2133	+0.163

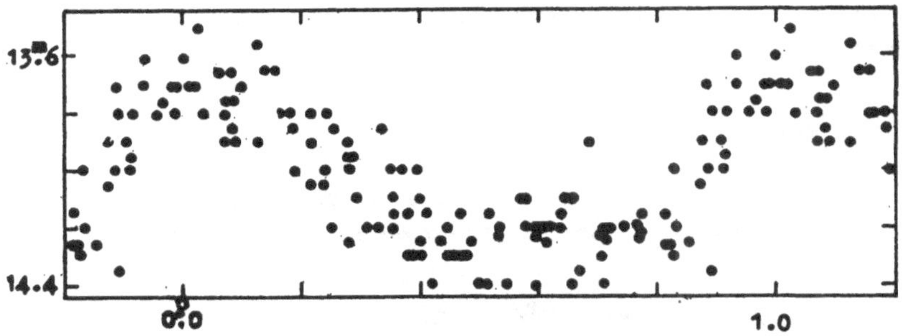

S 8047 Com   RR-Lyrae-Stern; $15^m.4 - 16^m.4$

Max. = 243 7779.310 + $0^d.59098 \cdot E$

M - m = $0^p.15$ Typ RRab

JD	E	B-R	JD	E	B-R
243 7779.361	0	$+0^d.051$	243 8411.681	1070	$+0^d.022$
8005.671	383	+0.016	8440.620	1119	+0.003
8085.440	518	+0.002	8471.391	1171	+0.043
8089.591	525	+0.016	8472.517	1173	-0.013
8134.484	601	-0.005	9180.554	2371	+0.030
8172.401	665	+0.089	9205.443	2413	+0.098
8407.630	1063	+0.108			

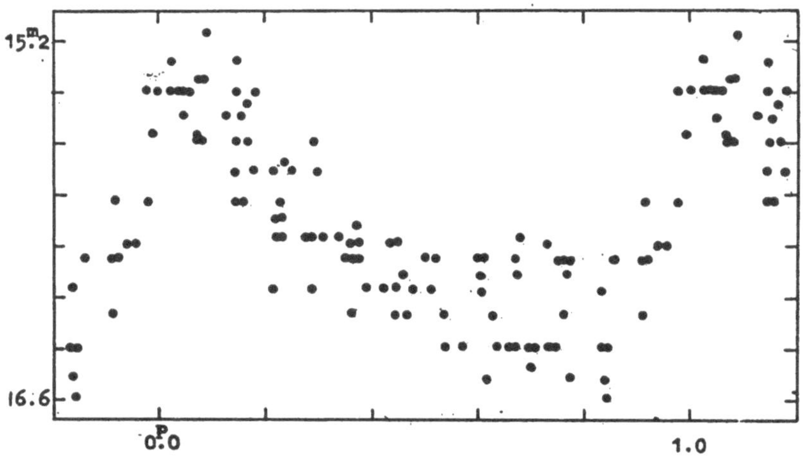

S 8048 Com   Konstant; $15^m.2$

Der Stern wurde am äußersten Rand einer GB-Platte entdeckt. Er zeigt keinerlei über den Streubereich der Platten hinausgehenden Lichtwechsel.

S 8487 Com   Konstant; $15^m.9$

Der auf dem Palomar-Atlas rot gefärbte Stern zeigt keinerlei über den Streubereich der Platten hinausgehenden Lichtwechsel.

S 7773 Com   RR-Lyrae-Stern; $13^m.6 - 15^m.2$

Max. = 243 7737.590 + $0^d.646043 \cdot E$

M - m = $0^P.10$ Typ RRab

JD	E	B-R	JD	E	B-R
243 7737.689	0	$+0^d.099$	243 8172.401	673	$+0^d.025$
7752.500	23	+0.051	8412.700	1045	-0.005
8005.671	415	+0.027	8440.480	1088	-0.005
8089.668	545	-0.015	8473.439	1139	+0.006
8091.611	548	-0.011	8502.476	1184	-0.029
8170.443	670	+0.004	9146.606	2181	-0.004

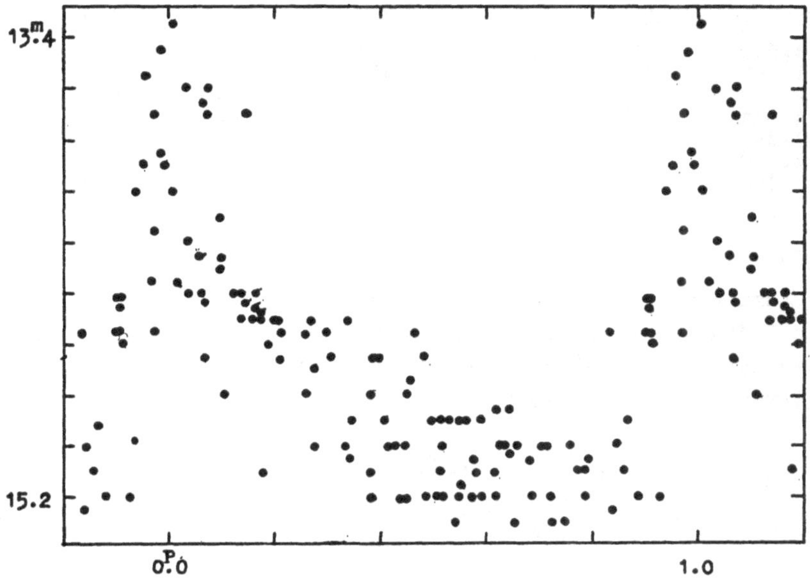

S 8488 Com RR-Lyrae-Stern; $14^{m}.8 - 15^{m}.8$
Max. = 243 7668.410 + $0^{d}.61194 \cdot E$
M - m = $0^{p}.18$ Typ RRab

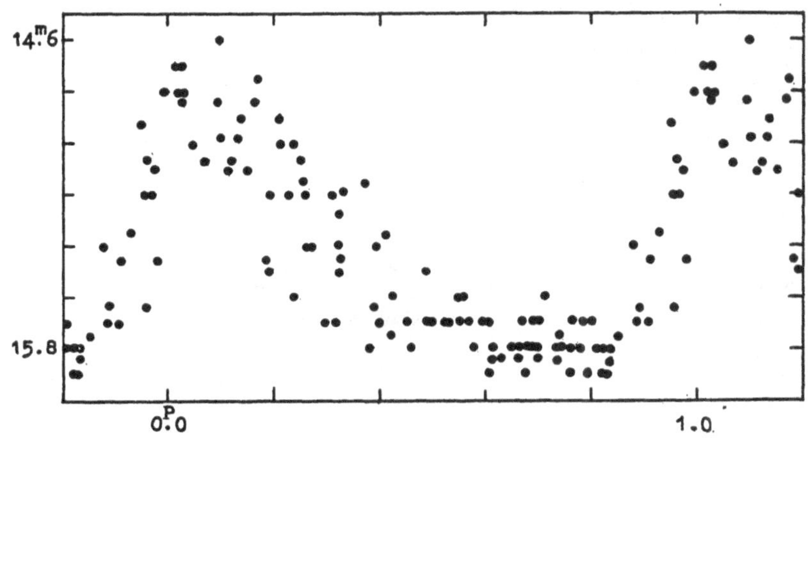

JD	E	B-R	JD	E	B-R
243 7668.503	0	$+0\overset{d}{.}093$	243 8171.440	822	$+0\overset{d}{.}015$
7737.689	113	+0.130	8407.630	1208	-0.004
7752.370	137	+0.124	8412.605	1216	+0.076
8005.671	551	+0.082	8439.480	1260	+0.026
8089.397	688	-0.028	8472.490	1314	-0.009
8090.640	690	-0.009	8496.377	1353	+0.012
8168.448	817	+0.083	8870.365	1964	+0.105

S 8049 Com   Konstant; $12\overset{m}{.}1$

Der Stern wurde ebenso wie S 8048 unter zweifelhaften photometrischen Bedingungen am äußersten Rand einer GB-Platte gefunden. Auf allen guten und photometrisch einwandfreien Platten ist keinerlei Lichtwechsel feststellbar.

S 8050 Com   RR-Lyrae-Stern; $14\overset{m}{.}6$ - $15\overset{m}{.}2$
Max. = 243 7668.460 + $0\overset{d}{.}61189$·E
M - m = $0\overset{p}{.}15$ Typ RRab

Der in der Entdeckungsanzeige (AN 288, p.49) angegebene Ort ist fehlerhaft.

JD	E	B-R	JD	E	B-R
243 7668.503	0	$+0\overset{d}{.}043$	243 8412.605	1216	$+0\overset{d}{.}087$
7737.689	113	+0.085	8439.482	1260	+0.041
7752.377	137	+0.088	8471.391	1312	+0.131
8005.671	551	+0.060	8472.475	1314	+0.008
8089.440	688	0.000	8496.377	1353	+0.030
8090.665	690	+0.001	8502.476	1363	+0.010
8171.440	822	+0.006	9180.554	2471	+0.114
8407.672	1208	+0.049			

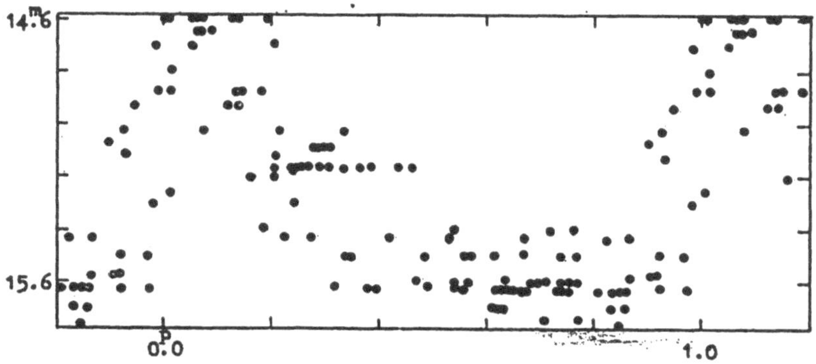

SW Com Konstant; $10^{m}.8$

Der Stern zeigt auf zahlreichen Sonneberger Überwachungsplatten der Jahre 1961 ... 65 keinerlei über den Streubereich der Platten hinausgehenden Lichtwechsel.

CSV 1826 Com Langsam veränderlich (unregelmäßig); $11^{m}.4 - 11^{m}.7$

Der nach dem Palomar-Atlas rötliche Stern zeigt auf Rotplatten der Sonneberger Himmelsüberwachung der Jahre 1963 ... 65 langsamen Lichtwechsel geringer Amplitude.

S 8051 Com RR-Lyrae-Stern; $15^{m}.3 - 16^{m}.5$
Max. = 243 8089.560 + $0^{d}.54674 \cdot E$
M – m = $0^{p}.08$ Typ RRab

JD	E	B–R	JD	E	B–R
243 8089.538	0	$-0^{d}.022$	243 8439.482	640	$+0^{d}.008$
8090.665	2	+0.012	8440.566	642	−0.001
8134.439	82	+0.046	8473.439	702	+0.068
8169.401	146	+0.017	8496.377	744	+0.042
8412.690	591	+0.007	9205.443	2041	−0.013
8416.524	598	+0.013			

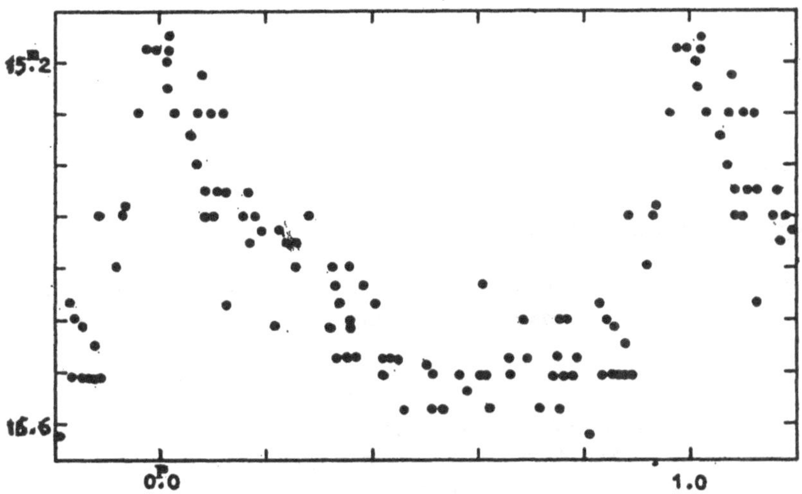

S 8052 Com — RR-Lyrae-Stern; $13^{m}_{.}2 - 14^{m}_{.}7$

Max. = 243 7668.510 + $0^{d}_{.}73668 \cdot E$

M - m = $0^{p}_{.}12$ Typ RRab

JD	E	B-R	JD	E	B-R
243 7668.503	0	$-0^{d}_{.}007$	243 8172.410	684	$+0^{d}_{.}011$
7752.500	114	+0.008	8412.605	1010	+0.048
7778.362	149	+0.087	8440.570	1048	+0.019
8006.636	459	-0.010	8471.480	1091	-0.011
8085.483	566	+0.012	8502.476	1132	+0.044
8090.623	573	-0.005	8852.350	1607	-0.005
8093.665	577	+0.091	9204.577	2085	+0.089
8169.443	680	-0.009			

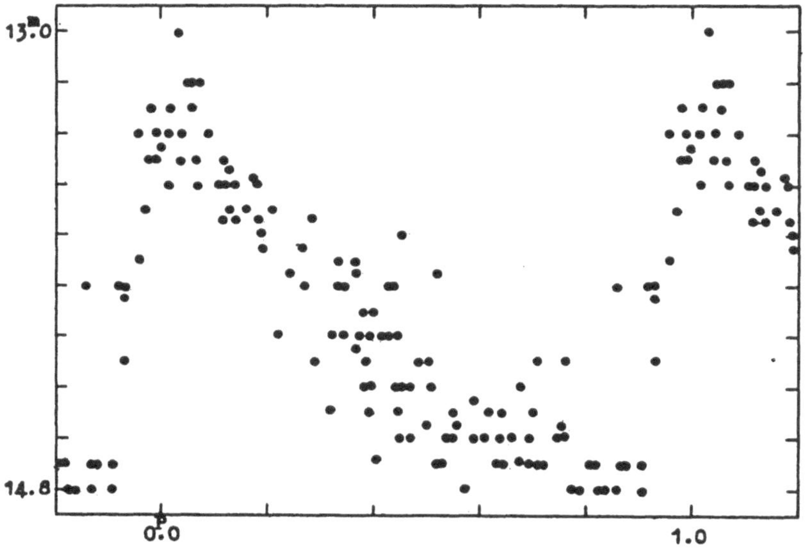

CSV 6899 Com — Konstant; $12^{m}_{.}8$

Die beobachteten Schwankungen liegen im Streubereich der photographischen Platten; ein eindeutiger Lichtwechsel ist nicht feststellbar.

S 8489 Com — W-UMa-Stern; $11^{m}_{.}4$ v - $12^{m}_{.}4$ v

Min. = 243 9533.5830 + $0^{d}_{.}22068 \cdot E$

$A_1 = 0^{m}_{.}94$ $A_2 = 0^{m}_{.}76$

Der Stern wurde photoelektrisch beobachtet. Nähere Einzelheiten und Lichtkurve siehe MVS 4, p.60.

S 9226 Com   Supernova; $16^m.5$ - [$17^m.5$

Einzelheiten siehe Inf. Bull. on Variable Stars No. 90.

S 8053 Com   RR-Lyrae-Stern; $15^m.3$ - $16^m.0$
Max. = 243 7668.440 + $0^d.304579 \cdot E$
M - m = $0^p.13$ Typ RRc

JD	E	B-R	JD	E	B-R
243 7668.503	0	$+0^d.063$	243 8410.680	2437	$-0^d.019$
7778.405	361	+0.012	8413.710	2447	-0.035
8089.397	1382	+0.029	8439.609	2532	-0.025
8089.668	1383	-0.005	8440.524	2535	-0.024
8090.620	1386	+0.034	8471.570	2637	-0.045
8091.530	1389	+0.030	8472.500	2640	-0.029
8093.665	1396	+0.033	8473.439	2643	-0.003
8134.395	1530	-0.051	8852.384	3887	+0.045
8169.443	1645	-0.029	9200.474	5030	+0.002
8172.500	1655	-0.018			

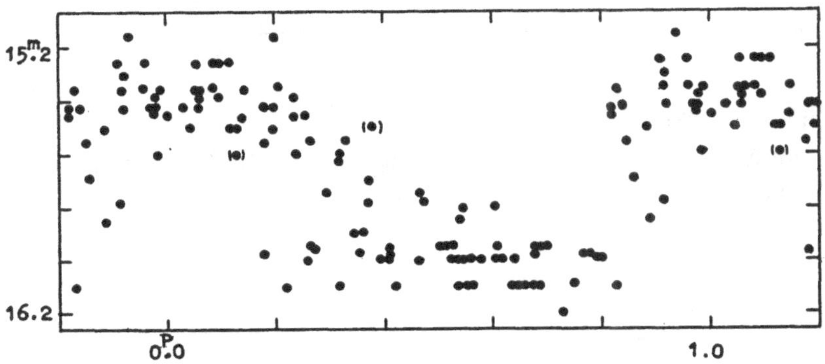

S 8490 Com   RR-Lyrae-Stern; $15^m.0$ - $16^m.5$
Max. = 243 7778.430 + $0^d.46260 \cdot E$
M - m = $0^p.10$ Typ RRab

JD	E	B-R	JD	E	B-R
243 7778.410	0	$-0^d.020$	243 8168.448	843	$+0^d.046$
7779.361	2	+0.006	8407.630	1360	+0.064
8089.380	672	+0.083	8412.660	1371	+0.005
8090.680	675	-0.005	8413.590	1373	+0.010
8091.611	677	+0.001	8439.500	1429	+0.015

JD	E	B-R	JD	E	B-R
243 8440.480	1431	$+0^{d}.069$	243 8817.511	2246	$+0^{d}.081$
8471.420	1498	+0.015	9200.474	3074	+0.012
8472.390	1500	+0.060	9205.530	3085	-0.021
8502.476	1565	+0.077			

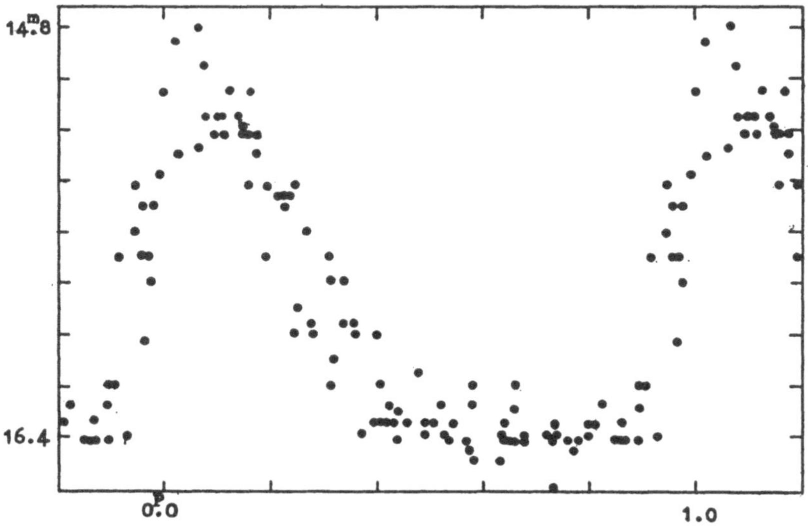

S 8054 Com   Supernova (?); $16^{m}.5$: - [$17^{m}.5$

Man vergleiche hierzu die Bemerkung in der Entdeckungsanzeige (AN 288, p.49).

S 9227 Com   RR-Lyrae-Stern: $16^{m}.1$ - $16^{m}.9$

Max. = 243 7669.560 + $0^{d}.73923 \cdot E$

M - m ≈ $0^{p}.12$ Typ RRab

JD	E	B-R	JD	E	B-R
243 7669.525	0	$-0^{d}.035$	243 8471.603	1085	$-0^{d}.022$
7749.416	108	+0.019	8472.370	1086	+0.006
7752.377	112	+0.023	8852.331	1600	+0.003
8006.636	456	-0.013	9200.480	2071	-0.025
8089.483	568	+0.040			

Die Form der Maxima ist offenbar veränderlich.

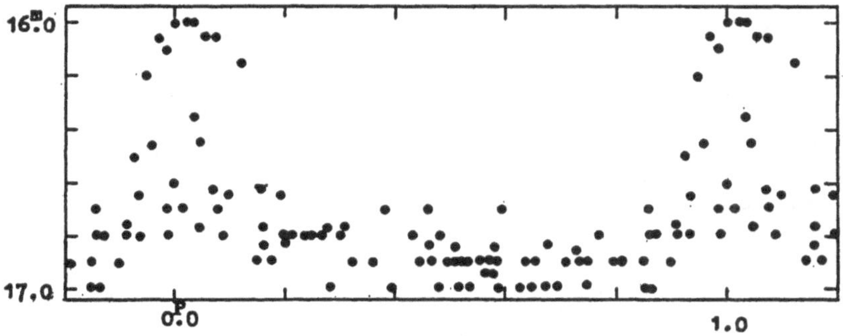

<u>S 8055 Com</u> RR-Lyrae-Stern; $15^{m}.7 - 16^{m}.2$

Max. = 243 7737.560 + $0^{d}.67169 \cdot E$

M – m = $0^{p}.14$ Typ RRab

JD	E	B–R	JD	E	B–R
243 7737.689	0	$+0^{d}.129$	243 8169.420	643	$-0^{d}.037$
7752.380	22	+0.043	8171.485	646	+0.013
8085.440	518	−0.055	8410.636	1002	+0.043
8089.500	524	−0.026	8412.605	1005	−0.003
8091.520	527	−0.021	8439.520	1045	+0.044
8093.665	530	+0.109	9204.577	2184	+0.046

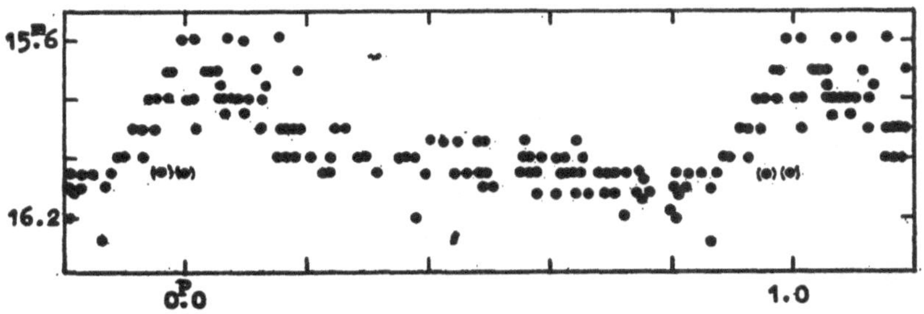

<u>S 8056 Com</u> RR-Lyrae-Stern; $14^{m}.6 - 15^{m}.8$

Max. = 243 8089.540 + $0^{d}.55154 \cdot E$

M – m = $0^{p}.10$ Typ RRab

JD	E	B–R	JD	E	B–R
243 8089.538	0	$+0^{d}.002$	243 8416.600	593	$-0^{d}.003$
8090.640	2	−0.003	8473.439	696	+0.027
8173.409	152	+0.035	8852.331	1383	+0.011
8411.639	584	0.000	9180.554	1978	+0.072

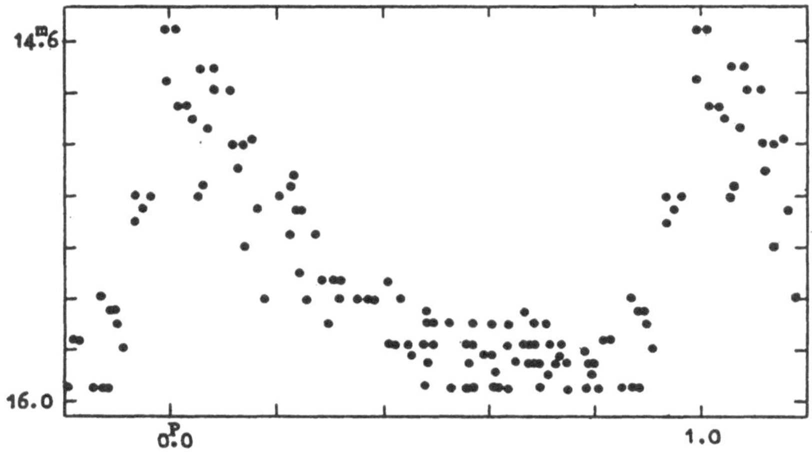

S 8057 Com — RR-Lyrae-Stern; $13^m.9 - 15^m.7$

Max. = 243 7759.390 + $0^d.48781 \cdot E$

M - m = $0^P.10$ Typ RRab

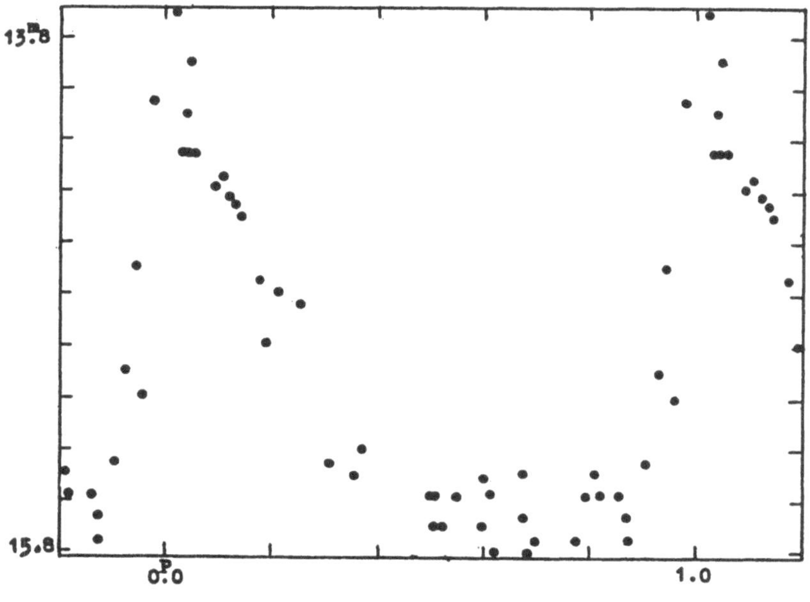

JD	E	B-R	JD	E	B-R
243 7759.406	0	+0ᵈ016	243 8091.600	681	+0ᵈ011
8089.628	677	-0.009	8410.636	1335	+0.020
8090.600	679	-0.013	9200.403	2954	+0.022

Der Stern konnte nur auf GC-Platten beobachtet werden. Die abgeleiteten Elemente sind daher etwas unsicher.

S 7774 Com   Konstant; $14^{m}.4$

Der nach dem Palomar-Atlas schwach rot gefärbte Stern zeigt keinerlei über den Streubereich der Platten hinausgehenden Lichtwechsel.

S 8491 Com   Mira-Stern; $14^{m}.4$ - [$17^{m}.0$
Max. = 243 3443.0 + $201^{d}.3 \cdot E$

Als Ausgangsmaximum wurde die auf dem Palomar-Atlas beobachtete Erhellung verwendet.

JD	E	B-R
243 3443	0	0^{d}
7670	21	0
8070	23	-3
8470	25	-6
8880	27	+2

S 8058 Com   Langsam veränderlich (unregelmäßig);
$10^{m}.7$ - $11^{m}.0$

Innerhalb der Nachtreihen verändert sich der Stern nicht; die Beobachtungen ergeben ein flaches Maximum bei 243 8460 (Länge 90^{d}) und einen Abstieg zwischen 8817 und 8870. Nach Palomar-Atlas gelblich.

S 7775 Com   Bedeckungsstern; $13^{m}.0$ - $13^{m}.6$
Min. = 243 7781.360 + $3^{d}.596785 \cdot E$

JD	E	B-R
243 7781.360	0	$0^{d}.000$
8173.409	109	-0.001
8439.567	183	-0.005

Die Schwächung bei E = 0 wird bestätigt durch eine Platte des Feldes 26 Comae. Die Periode bedarf der Verifikation durch Beobachtung weiterer Minima.

<u>CSV 6907 Com</u> Bedeckungsstern; $13\overset{m}{.}3 - 14\overset{m}{.}0$

Min. = 243 7668.520 + $0\overset{d}{.}73544 \cdot E$

JD	E	B-R	JD	E	B-R
243 7668.503	0	$-0\overset{d}{.}017$	243 8407.630	1005	$-0\overset{d}{.}007$
7737.689	94	+0.038	8439.609	1048.5	-0.020
7749.416	110	-0.002	8471.630	1092	+0.010
7752.377	114	-0.017	8472.390	1093	+0.034
8085.525	567	+0.011	8502.476	1134	-0.033
8090.665	574	+0.002	9200.474	2083	+0.032
8134.440	633.5	+0.019			

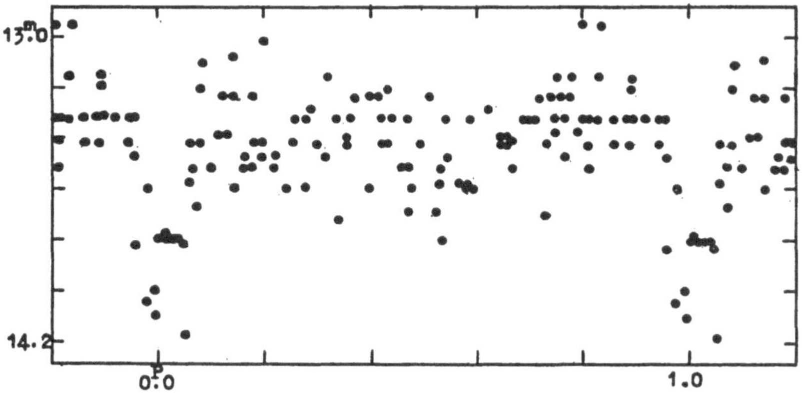

<u>S 7776 Com</u> RR-Lyrae-Stern; $12\overset{m}{.}8 - 14\overset{m}{.}0$

Max. = 243 8472.390 + $0\overset{d}{.}590915 \cdot E$

M - m = $0\overset{p}{.}13$ Typ RRab

JD	E	B-R	JD	E	B-R
243 8085.35	-655	$+0\overset{d}{.}01$	243 8440.49	- 54	$+0\overset{d}{.}01$
8089.49	648	+0.01	8472.40	0	+0.01
8090.665	646	+0.006	8473.55	+ 2	+0.02
8134.39	572	0.00	8502.476	51	-0.051
8170.43	511	0.00	8852.32	643	-0.03
8173.38	506	-0.01	9200.41	1232	+0.01
8411.54	-103	+0.01			

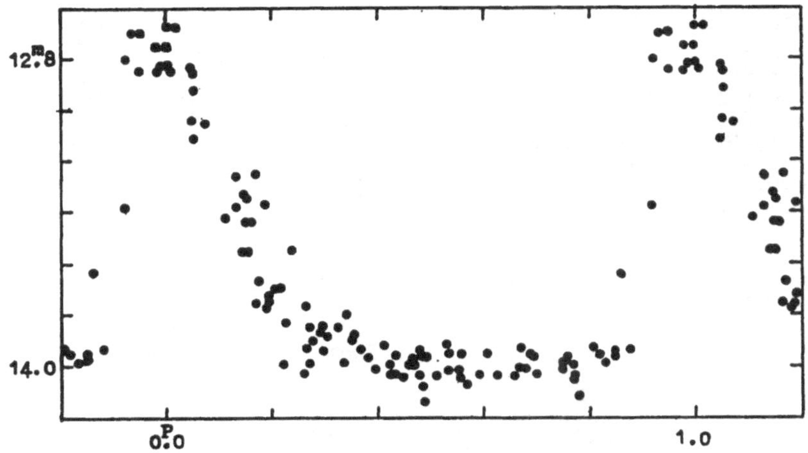

S 7777 Com

RR-Lyrae-Stern; $14^m.7 - 16^m.2$

Max. = 243 7752.405 + $0^d.55446 \cdot E$

M – m = $0^p.10$ Typ RRab

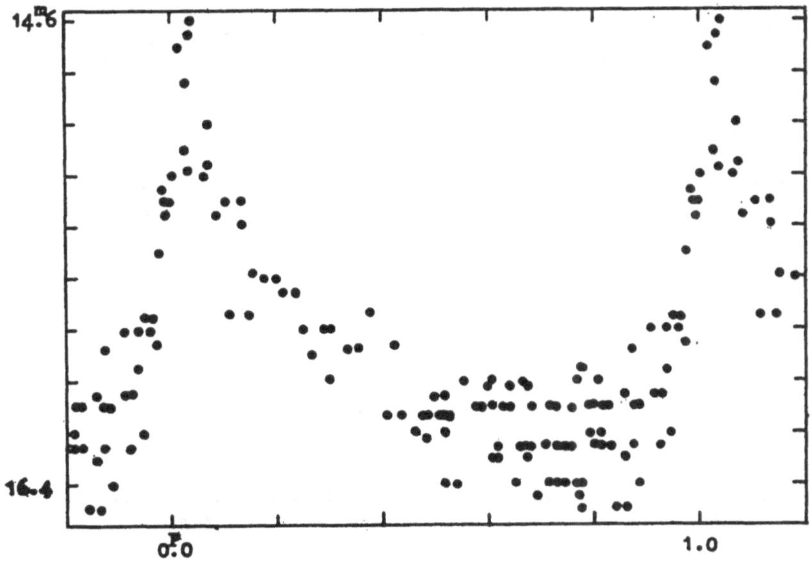

JD	E	B-R	JD	E	B-R
243 7752.405	0	$0^d.000$	243 8411.681	1189	$+0^d.023$
8085.630	601	-0.005	8416.660	1198	+0.012
8089.538	608	+0.021	8440.530	1241	+0.040
8090.630	610	+0.004	8471.540	1297	0.000
8134.439	689	+0.011	8472.630	1299	-0.019
8169.401	752	+0.042	9204.577	2619	+0.041
8170.485	754	+0.018	9233.360	2671	-0.008

<u>S 7778 Com</u> RR-Lyrae-Stern; $12^m.3$ - $13^m.4$

Max. = 243 7752.350 + $0^d.598248$·E

M - m = $0^p.15$ Typ RRab

JD	E	B-R
243 7752.35	0	$0^d.00$
7783.444	52	-0.015
7783.480	52	+0.021
7795.476	72	+0.052
8090.36	565	0.00
8091.55	567	-0.01
8411.60	1102	-0.02
8502.549	1254	-0.004
8849.590	1834	+0.053
8852.542	1839	+0.014
9205.49	2429	0.00

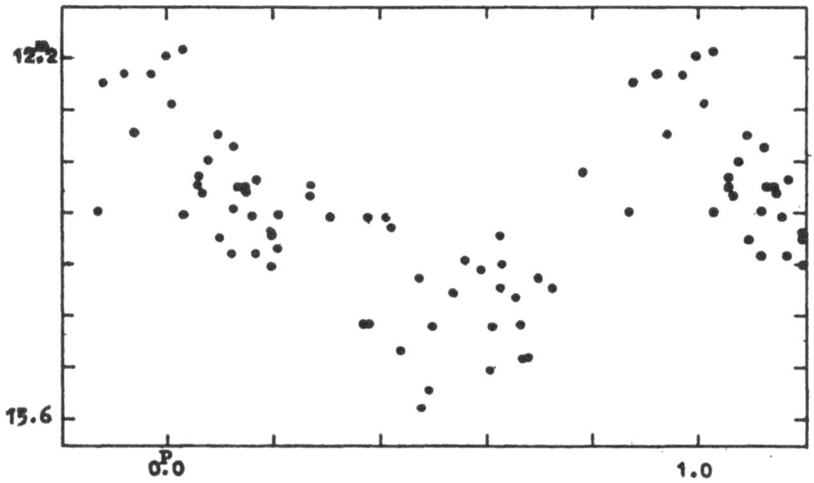

S 7779 Com RR-Lyrae-Stern: $12^{m}.1 - 13^{m}.4$

Max. = 243 7785.439 + $0^{d}.418404 \cdot E$

M - m = $0^{p}.20$ Typ RRab

JD	E	B-R
243 7785.434	0	$-0^{d}.005$
7790.459	12	-0.001
7795.476	24	-0.005
7818.497	79	+0.004
7821.424	86	+0.002
8817.661	2467	+0.020
8830.613	2498	+0.001
8854.455	2555	-0.006
8856.531	2560	-0.022

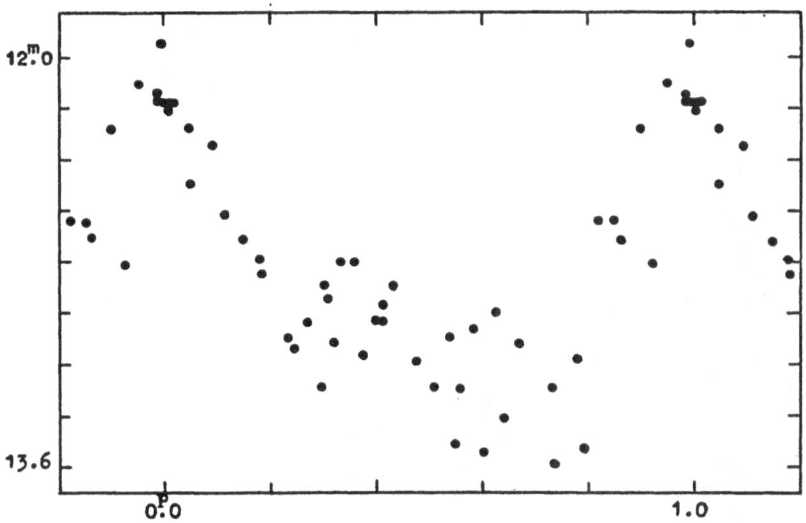

S 7780 Com RR-Lyrae-Stern; $15^{m}.1 - 16^{m}.3$

Max. = 243 8411.680 + $0^{d}.483168 \cdot E$

M - m = $0^{p}.12$ Typ RRab

JD	E	B-R	JD	E	B-R
243 7669.525	-1536	$-0^{d}.009$	243 8412.64	+ 2	$-0^{d}.01$
8085.55	675	+0.01	8416.48	10	-0.03
8089.40	667	-0.01	8439.70	58	0.00
8172.49	495	-0.02	8440.67	60	0.00
8173.46	- 493	-0.02	8471.61	124	+0.02
8411.68	0	0.00	8472.55	+126	-0.01

JD	E	B-R	JD	E	B-R
243 8473.52	+128	$-0^{\mathrm{d}}.01$	243 9204.577	+1641	$+0^{\mathrm{d}}.018$
8817.511	840	-0.030	9205.50	+1643	-0.03
8852.33	+912	0.00			

<u>S 8059 Com</u> RR-Lyrae-Stern; $13^{\mathrm{m}}.6 - 15^{\mathrm{m}}.3$

Max. = 243 8134.395 + $0^{\mathrm{d}}.496910 \cdot E$

M - m = $0^{\mathrm{p}}.11$ Typ RRab

JD	E	B-R	JD	E	B-R
243 8006.70	-257	$+0^{\mathrm{d}}.01$	243 8412.645	+ 560	$-0^{\mathrm{d}}.019$
8089.69	90	+0.02	8413.65	562	-0.01
8090.67	88	0.00	8416.64	568	0.00
8091.66	86	0.00	8439.50	614	0.00
8092.65	- 84	0.00	8440.49	616	0.00
8134.395	0	0.000	8471.32	678	+0.02
8407.70	+550	0.00	9146.606	+2037	+0.006
8410.67	+556	-0.01			

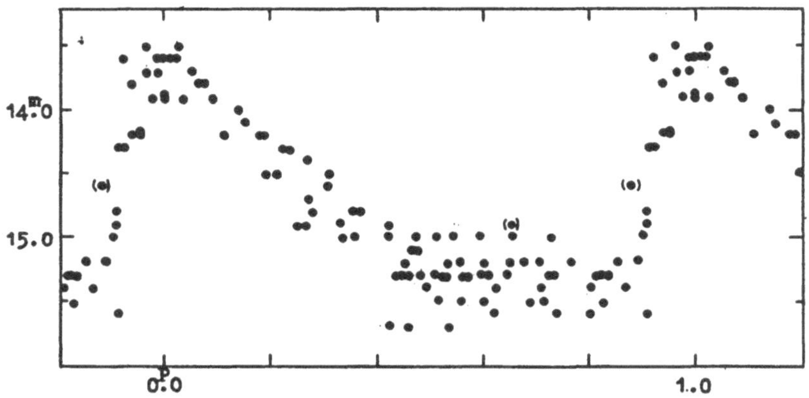

<u>S 9229 Com</u> RR-Lyrae-Stern; $16^{\mathrm{m}}.0 - 16^{\mathrm{m}}.6$

Max. = 243 7752.370 + $0^{\mathrm{d}}.30645 \cdot E$

M - m = $0^{\mathrm{p}}.20$ Typ RRc

JD	E	B-R	JD	E	B-R
243 7752.377	0	+0^d.007	243 8407.630	2138	+0^d.070
7779.361	88	+0.023	8416.524	2167	+0.077
8083.600	1081	-0.042	8439.520	2242	+0.089
8084.545	1084	-0.017	8440.480	2245	+0.130
8085.501	1087	+0.020	8471.430	2246	+0.128
8089.450	1100	-0.015	8471.603	2347	-0.005
8090.469	1103	+0.085	8472.540	2350	+0.012
8090.670	1104	-0.021	8827.663	3509	-0.040
8091.611	1107	+0.001	8830.613	3518	+0.152
8169.401	1361	-0.047	9204.577:	4739	-0.060
8170.401	1364	+0.033	9205.520	4742	-0.036

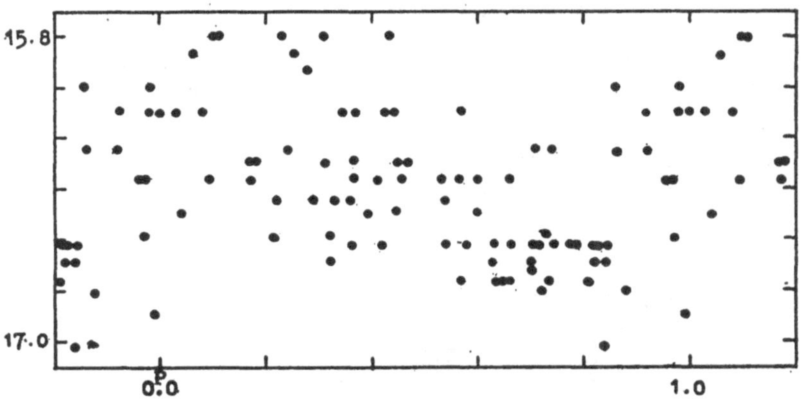

S 9230 Com Konstant; 14^m.4

Der auf dem Palomar-Atlas rot gefärbte Stern zeigt keinerlei über den Streubereich der Platten hinausgehenden Lichtwechsel.

S 7781 Com RR-Lyrae-Stern; 11^m.9 - 12^m.5

Max. = 243 7669.510 + 0^d.322432·E

M - m = 0^p.30 Typ RRc

JD	E	B-R	JD	E	B-R
243 7669.525	0	+0^d.015	243 8084.480	1287	0^d.000
7737.689	211	+0.146	8085.459	1290	+0.012
7752.377	257	+0.002	8089.360	1302	+0.044
7779.444	341	-0.015	8089.628	1303	-0.011
7790.417	375	-0.005	8090.581	1306	-0.025
7821.424	471	+0.049	8091.562	1309	-0.011

JD	E	B-R	JD	E	B-R
243 8852.542	3669	$+0^{d}.029$	243 9200.402	4748	$-0^{d}.015$
8854.455	3675	+0.007	9233.360	4850	+0.055

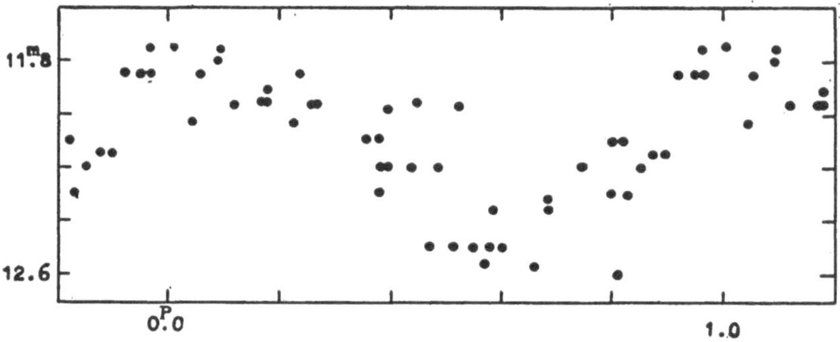

S 7782 Com — RR-Lyrae-Stern; $12^{m}.2 - 12^{m}.7$

Max. = 243 8089.668 + $0^{d}.416091 \cdot E$

M - m = $0^{p}.09$ Typ RRab

JD	E	B-R
243 7759.30	-794	$+0^{d}.01$
7778.43	748	0.00
7779.27	746	+0.01
7781.360	741	+0.015
8085.50	- 10	-0.01
8089.668	0	0.000
8090.50	+ 2	0.00
8092.58	7	0.00
8170.41	194	+0.02
8172.485	199	+0.015
8416.71	786	-0.01
8472.475	+920	+0.004

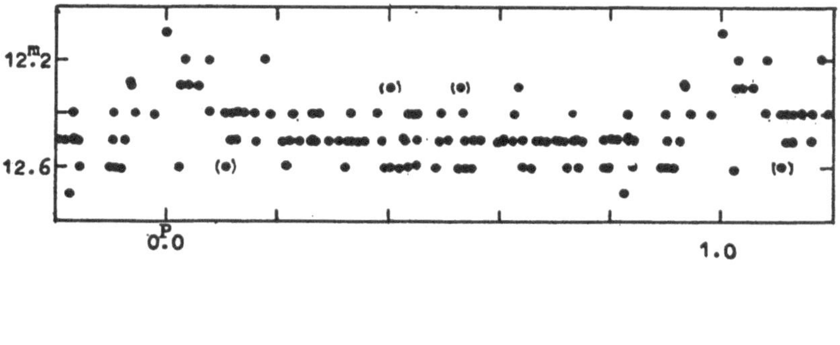

S 9231 Com Konstant; $16^m.3$

Die beobachteten Schwankungen liegen im Streubereich der photographischen Platten, ein eindeutiger Lichtwechsel ist nicht feststellbar. Farbe: ungefärbt oder schwach rot.

S 9232 Com RR-Lyrae-Stern; $13^m.6 - 14^m.2$

Max. = 243 7668.400 + $0^d.332295 \cdot E$

M – m = $0^p.25$ Typ RRc

JD	E	B-R	JD	E	B-R
243 7668.503	0	$+0^d.103$	243 8413.700	2243	$-0^d.038$
7752.500	253	+0.029	8416.694	2252	-0.034
8006.679	1018	+0.003	8439.651	2321	-0.006
8085.440	1255	+0.010	8440.660	2324	+0.006
8089.440	1267	+0.022	8471.561	2417	+0.004
8090.469	1270	+0.054	8472.570	2420	+0.016
8091.520	1273	+0.108	8473.550	2423	-0.001
8134.395	1402	+0.117	8502.476	2510	+0.016
8170.500	1511	+0.002	8817.511	3458	+0.035
8171.490	1514	-0.005	8852.384	3563	+0.017
8172.485	1517	-0.007	8870.365	3617	+0.054
8411.681	2237	-0.063	9204.577	4623	-0.023

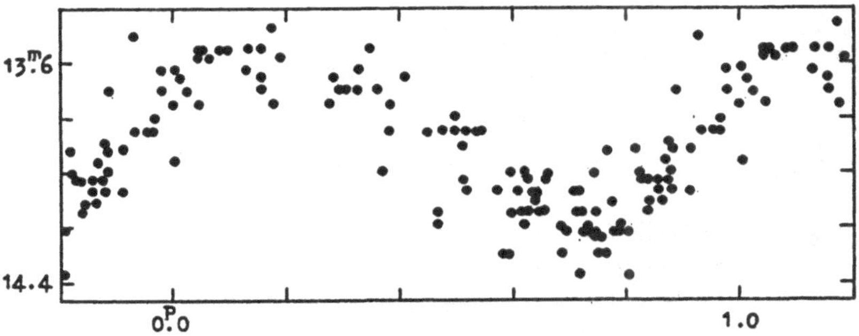

S 7783 Com Konstant; $14^m.6$

Die beobachteten Schwankungen liegen im Streubereich der photographischen Platten; ein eindeutiger Lichtwechsel ist nicht nachweisbar.

S 7784 Com RR-Lyrae-Stern; $13^{m}.8 - 14^{m}.9$

Max. = 243 7669.490 + $0^{d}.43113 \cdot E$

M - m = $0^{p}.14$ Typ RRab

JD	E	B-R	JD	E	B-R
243 7669.525	0	$+0^{d}.035$	243 8407.672	1712	$+0^{d}.087$
7737.689	158	+0.080	8410.680	1719	+0.078
7779.398	255	-0.030	8496.377	1918	-0.020
7816.503	341	-0.002	8502.416	1932	-0.017
7823.454	357	+0.051	8817.661	2663	+0.072
8085.540	965	+0.010	8830.613	2693	+0.090
8089.397	974	-0.014	8852.542	2744	+0.031
8091.580	979	+0.014	9200.402	3551	-0.031

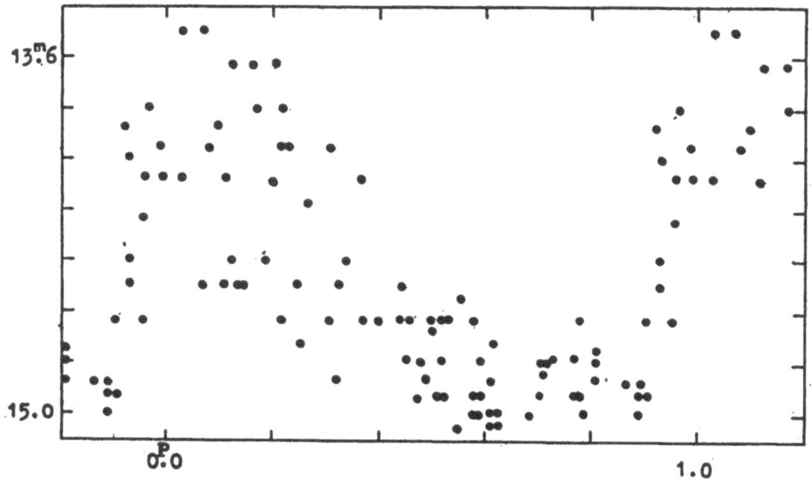

S 7785 Com RR-Lyrae-Stern; $12^{m}.8 - 13^{m}.3$

Max. = 243 7781.367 + $0^{d}.29484 \cdot E$

M - m = $0^{p}.25$ Typ RRc

JD	E	B-R	JD	E	B-R
243 7781.367	0	$0^{d}.000$	243 8173.495	1330	$-0^{d}.009$
7788.387	24	-0.056	8415.639	2151	+0.129
8083.524	1025	-0.054	8447.670	2260	-0.035
8084.440	1028	-0.023	8464.550	2317	+0.039
8085.590	1032	-0.052	8465.421	2320	+0.025
8089.450	1045	-0.025	8466.634	2324	+0.059
8091.520	1052	-0.019	8496.377	2425	+0.023
8092.670	1056	-0.048	8502.549	2446	+0.003
8093.665	1059	+0.062	8849.590	3623	+0.018
8140.483	1218	+0.001	8852.542	3633	+0.021
8142.538	1225	-0.008	9200.402	4813	-0.030

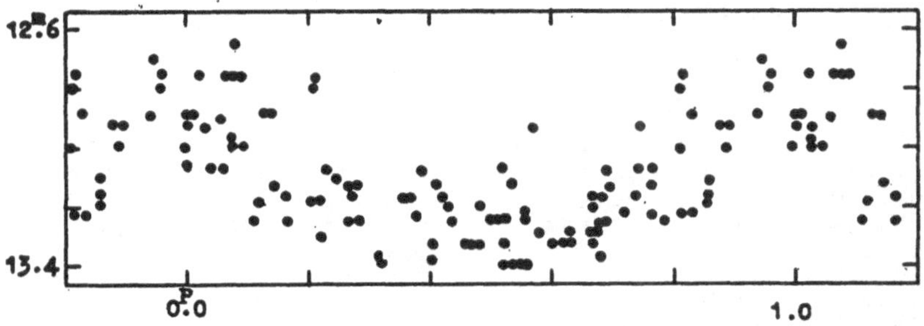

S 8060 Com W-UMa-Stern; $14^m.3 - 14^m.9$

Min. = 243 7779.410 + $0^d.269205 \cdot E$

JD	E	B-R	JD	E	B-R
243 7779.400	0	$-0^d.010$	243 8412.600	2352	$+0^d.020$
8005.671	840.5	-0.006	8413.660	2356	+0.003
8006.620	844	+0.001	8416.610	2367	-0.008
8085.483	1137	-0.013	8439.515	2452	+0.014
8085.652	1137.5	+0.021	8440.566	2456	-0.011
8089.397	1151.5	-0.003	8471.380	2570.5	-0.021
8089.538	1152	+0.004	8471.530	2571	-0.006
8089.668	1152.5	-0.001	8472.475	2574.5	-0.003
8090.600	1156	-0.011	8472.602	2575	-0.011
8091.540	1159.5	-0.013	8473.560	2578.5	+0.005
8091.670	1160	-0.018	8502.476	2686	-0.019
8172.443	1460	-0.006	8870.365	4052.5	+0.002
8407.610	2333.5	+0.010	9204.577	5294	-0.004
8411.639	2348.5	+0.001	9205.513	5297.5	-0.010

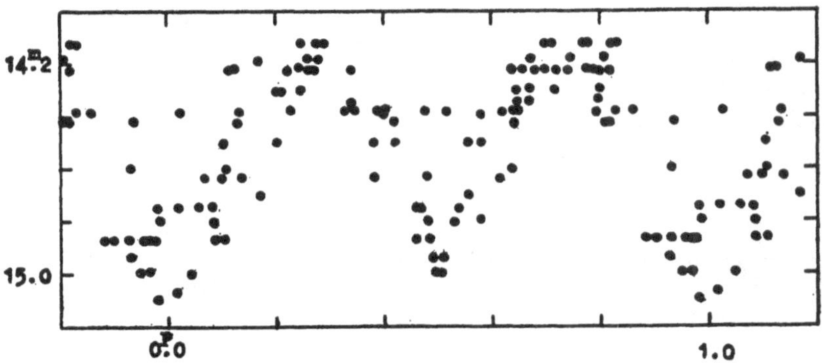

S 8061 Com — RR-Lyrae-Stern; $13^m_{\cdot}2 - 14^m_{\cdot}2$

Max. = 243 7779.430 + $0^d_{\cdot}31016$·E

M – m = $0^p_{\cdot}40$ Typ RRc

JD	E	B–R	JD	E	B–R
243 7779.444	0	$+0^d_{\cdot}014$	243 8465.506	2212	$+0^d_{\cdot}002$
7783.480	13	+0.022	8466.464	2215	+0.030
8085.544	987	−0.014	8501.454	2328	−0.028
8088.650	997	−0.010	8502.416	2331	+0.003
8140.439	1164	−0.017	8525.403	2405	+0.038
8142.369	1170	+0.052	8852.542	3460	+0.042
8415.555	2051	−0.013	8853.539	3463	+0.025
8464.550	2209	−0.023	8854.455	3466	+0.010

S 9233 Com — RR-Lyrae-Stern; $16^m_{\cdot}2 - 16^m_{\cdot}9$

Max. = 243 7737.640 + $0^d_{\cdot}68863$·E

M – m = $0^p_{\cdot}16$ Typ RRab

JD	E	B–R	JD	E	B–R
243 7737.689	0	$+0^d_{\cdot}049$	243 8171.440	630	$-0^d_{\cdot}037$
7764.443	39	−0.054	8407.670	973	−0.007
7793.450	81	+0.031	8416.570	986	−0.059
8085.500	505	+0.102	8447.628	1031	+0.010
8089.440	511	−0.090	8465.480	1057	−0.042
8091.570	514	−0.026	8525.420	1144	−0.013
8093.665	517	+0.003	8852.542	1619	+0.010
8116.387	550	0.000	8870.365	1645	−0.071
8140.439	585	−0.050			

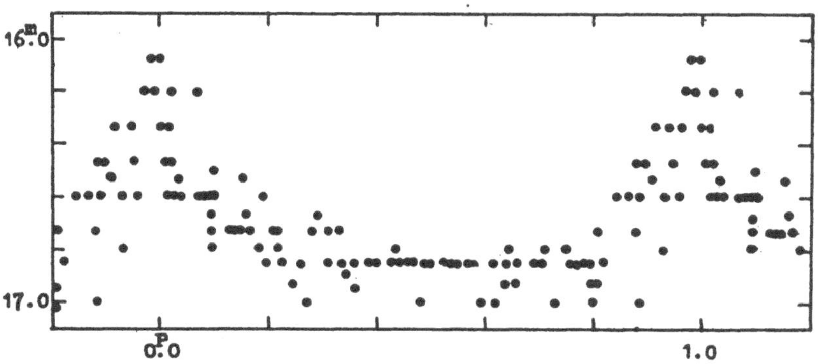

S 8492 Com RR-Lyrae-Stern; $15^{m}.6 - 16^{m}.5$

Max. = 243 7752.360 + $0^{d}.58609 \cdot E$

M - m = $0^{p}.12$ Typ RRab

JD	E	B-R	JD	E	B-R
243 7752.377	0	$+0^{d}.017$	243 8093.665	582	+0.201
7779.398	46	+0.078	8407.630	1118	+0.021
7783.444	53	+0.021	8414.630	1130	-0.012
7793.450	70	+0.064	8440.481	1174	+0.051
8083.481	565	-0.020	8464.440	1215	-0.019
8089.397	575	+0.035	8471.480	1227	-0.012
8090.525	577	-0.009	8502.549	1280	-0.006

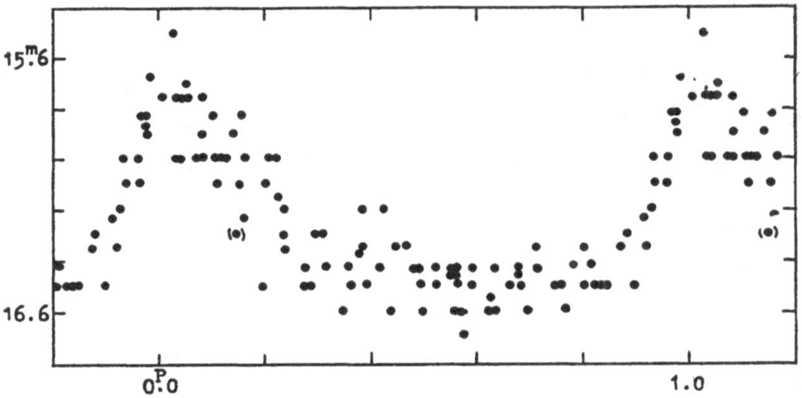

S 7786 Com RR-Lyrae-Stern: $15^{m}.5 - 16^{m}.3$

Max. = 243 7737.630 + $0^{d}.36299 \cdot E$

M - m = $0^{p}.20$ Typ RRc Abb. S. 470

JD	E	B-R	JD	E	B-R
243 7737.689	0	$+0^{d}.059$	243 8472.475	2024	$+0^{d}.153$
7779.361	115	-0.013	8496.377	2090	+0.098
8083.520	953	-0.039	8502.476	2107	+0.026
8090.469	972	+0.013	8817.511	2975	+0.014
8091.562	975	+0.017	8852.331	3071	-0.041
8092.668	978	+0.034	9180.502	3975	-0.013
8410.636	1854	+0.023	9200.474	4030	-0.006
8439.651	1934	-0.002	9205.593	4044	+0.031

S 8062 Com Bedeckungsstern; $14^{m}.3 - 15^{m}.5$

Min. = 243 7795.500 + $0^{d}.986615 \cdot E$

JD	E	B-R	JD	E	B-R
243 7795.519	0	+0.^{d}019	243 8171.400	381	0.^{d}000
8005.671	213	+0.022	8172.401	382	+0.014
8006.636	214	0.000	8446.663	660	-0.003
8083.605	292	+0.013	8447.645	661	-0.008
8084.588	293	+0.010	8464.423	678	-0.002
8085.560	294	-0.005	8465.421	679	+0.009
8090.469	299	-0.029	8466.422	680	+0.024
8168.448	378	+0.008	8817.661	1036	+0.028
8169.401	379	-0.026	9200.474	1424	+0.034

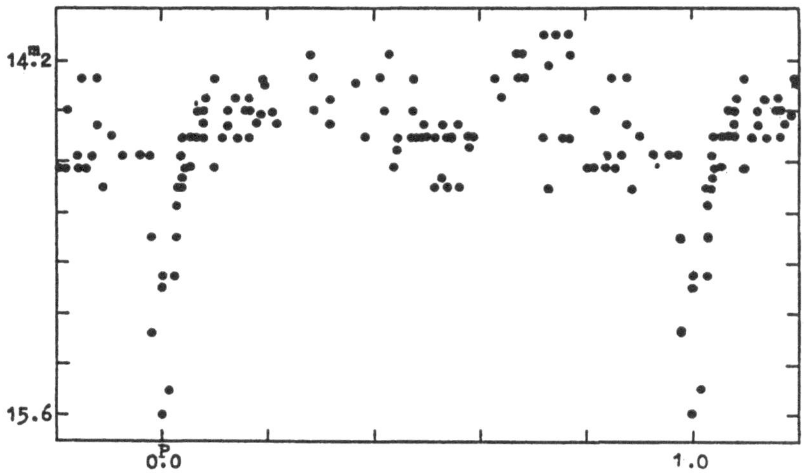

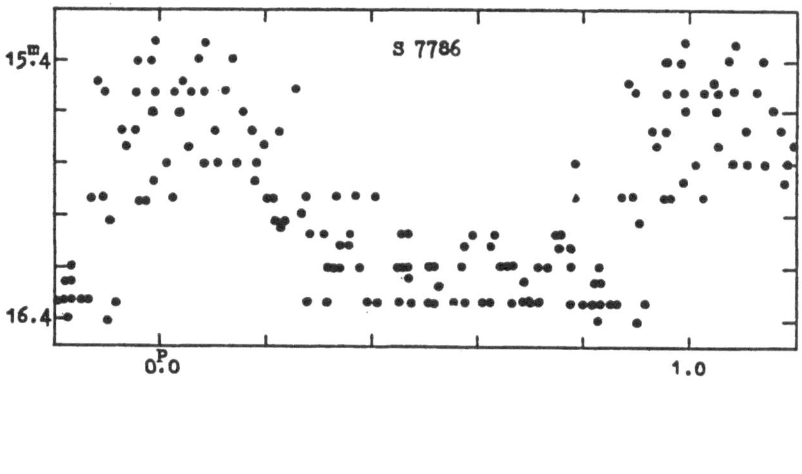

S 7787 Com   Konstant; $15^m.3$

Der Stern zeigt keinerlei über den Streubereich der photographischen Platten hinausgehenden Lichtwechsel.

S 9234 Com   RR-Lyrae-Stern; $15^m.3 - 16^m.3$

Max. = 243 7764.290 + $0^d.61377$·E

M - m = $0^P.15$ Typ RRab

JD	E	B-R	JD	E	B-R
243 7764.405	0	$+0^d.115$	243 8464.600	1141	$-0^d.002$
8083.481	520	+0.031	8466.422	1144	-0.021
8088.435	528	+0.074	8501.526	1201	+0.098
8089.550	530	-0.038	8525.403	1240	+0.038
8092.630	535	-0.027	8852.542	1773	+0.038
8142.369	616	-0.003	9200.474	2340	-0.038
8410.636	1053	+0.046	9205.443	2348	+0.021
8415.555	1061	+0.055			

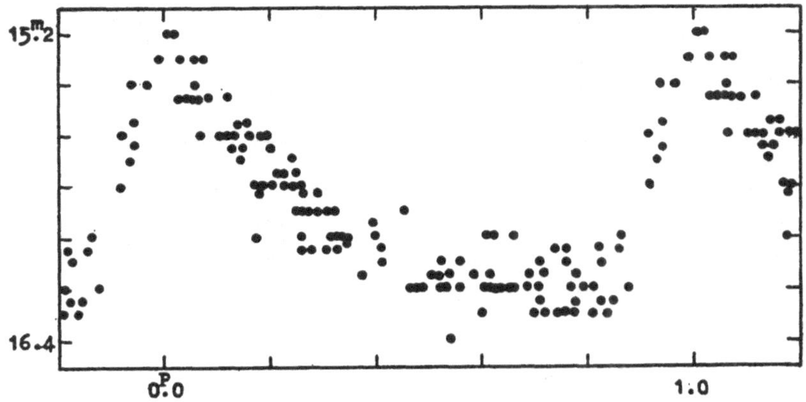

CSV 1878 Com   Bedeckungsstern?; $14^m.0 - 14^m.7$

An dem von ILINIC (NNVS 4, p. 298) angegebenen Ort steht ein enges Sternpaar. Die vorangehende Komponente des Paares scheint ein Bedeckungsveränderlicher zu sein. Die folgenden Schwächungen scheinen gesichert: 243 8106.400; 8856.531. Das Ergebnis bedarf jedoch noch der Bestätigung.

CSV 1882 Com   Konstant; $14^m.2$

Die beobachteten Schwankungen liegen im Streubereich der photographischen Platten; ein eindeutiger Lichtwechsel ist nicht feststellbar.

S 7788 Com   RR-Lyrae-Stern; $15^m.1 - 16^m.0$

Max. = 243 7779.400 + $0^d.702485 \cdot E$

M - m = $0^p.12$ Typ RRab

JD	E	B-R	JD	E	B-R
243 7779.398	0	$-0^d.002$	243 8142.538	517	$-0^d.047$
7784.396	7	+0.079	8411.639	900	+0.002
7793.450	20	0.000	8414.592	904	+0.146
7795.530	23	-0.027	8464.423	975	+0.100
8083.550	433	-0.016	8466.422	978	-0.008
8084.461	434	+0.173	8501.526	1028	-0.029
8085.668	436	-0.015	8525.446	1062	+0.007
8088.478	440	-0.015	8817.661	1478	-0.012
8090.590	443	-0.011	8827.663	1492	+0.155
8091.520	444	+0.217	8851.470	1526	+0.078
8092.668	446	-0.040	8856.531	1533	+0.221
8140.420	514	-0.057	9205.443	2030	-0.002

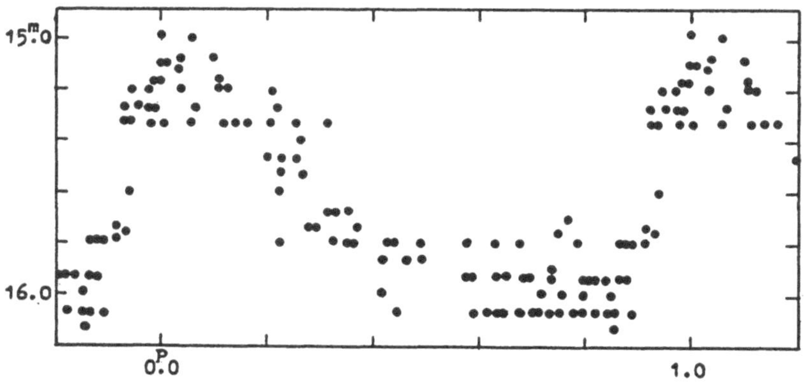

S 7789 Com   RR-Lyrae-Stern; $14^m.5 - 15^m.6$

Max. = 243 7781.327 + $0^d.524020 \cdot E$

M - m = $0^p.2$ Typ RRab

JD	E	B-R
243 7781.367	0	+0ᵈ.040
7783.444	4	+0.021
7795.476	27	0.000
7818.497	71	-0.035
8088.478	586	+0.075
8142.369	689	-0.008
8143.376	691	-0.049
8146.517	697	-0.052
8525.403	1420	-0.032
8854.455	2048	-0.065
9180.502	2670	+0.042
9205.593	2718	-0.020

Der Veränderliche ist identisch mit dem Objekt Nr. 1545 des Verzeichnisses blauer Sterne am galaktischen Pol von CHAVIRA (Tonanzintla Bol. Nr. 18, p.3).

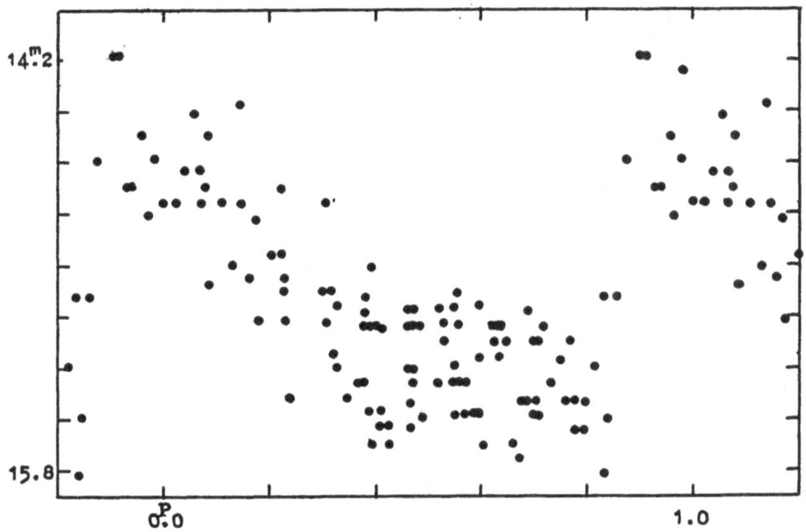

<u>S 7790 Com</u> RR-Lyrae-Stern; 13ᵐ.7 - 15ᵐ.3
Max. = 243 7821.460 + 0ᵈ.556211·E
M - m = 0ᴾ.09 Typ RRab

JD	E	B-R
243 7821.466	0	+0ᵈ.006
8084.545	473	-0.003
8085.647	475	-0.013
8088.435	480	-0.006
8142.411	577	+0.017
8446.621	1124	-0.020
8464.466	1156	+0.026
8817.661	1791	+0.027
8827.663	1809	+0.017

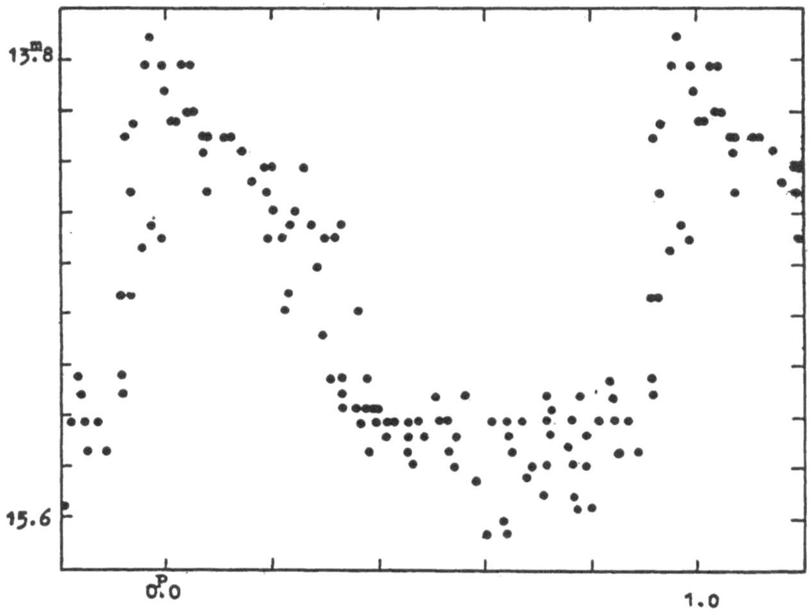

CSV 1887 Com RR-Lyrae-Stern; 11ᵐ.8 - 13ᵐ.8
Max. = 242 2040.38 + 0ᵈ.432104·E
M - m = 0ᵖ.08 Typ R'

Zur Bestimmung der Elemente wurden die hellen Beobachtungen von ILINIC (VS 4, p. 298) mit verwendet.

JD	E	B-R	JD	E	B-R
242 2040.38 I	0	0ᵈ.00	242 7539.37 I	12726	+0ᵈ.03
6772.41 I	10951	+0.06	7561.42 I	12777	+0.04
7481.49 I	12592	+0.05	243 7765.537	36392	+0.017

JD	E	B-R	JD	E	B-R
243 7779.398	36424	+0^d.051	243 8085.680	37133	-0^d.029
7785.434	36438	+0.038	8501.454	38095	+0.061
7788.387	36445	-0.034	8503.549	38100	-0.005
7816.480	36510	-0.028	8817.661	38827	-0.033
7823.454	36526	+0.032	8827.663	38850	+0.031
8083.524	37128	-0.024	8854.455	38912	+0.032

I = ILINIC

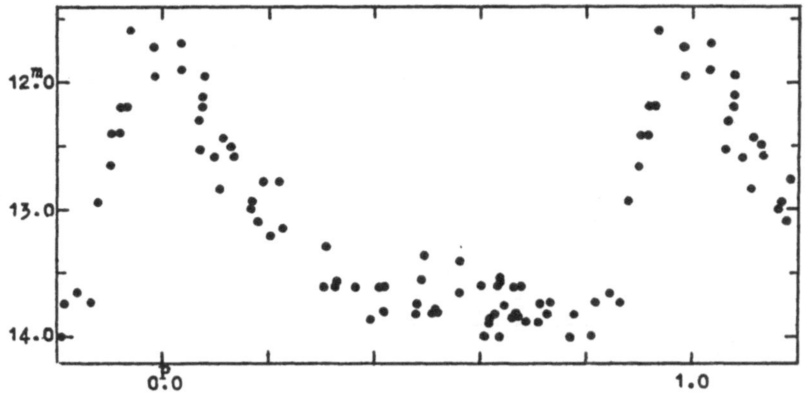

S 7791 Com RR-Lyrae-Stern; 14^m.4 - 15^m.5
Max. = 243 7785.350 + 0^d.50626·E
M - m = 0^p.13 Typ RRab

Die Form der Lichtkurve ist möglicherweise veränderlich.

JD	E	B-R	JD	E	B-R
243 7785.434	0	+0^d.084	243 8084.550	591	0^d.000
7788.387	6	-0.001	8085.550	593	-0.012
7793.470	16	+0.020	8502.416	1416	+0.202
7795.510	20	+0.035	8849.590	2102	+0.081
7822.416	73	+0.109	8852.542	2108	-0.004
7823.454	75	+0.134	9144.550	2685	-0.108
8083.530	589	-0.007	9205.593	2805	+0.184

S 9235 Com RR-Lyrae-Stern; 15^m.8 - 16^m.8
Max. = 243 7784.370 + 0^d.64795·E
M - m = 0^p.10 Typ RRab

JD	E	B-R	JD	E	B-R
243 7784.396	0	+0.^{d}026	243 8415.555	974	+0.^{d}082
7793.470	14	+0.029	8446.579	1022	+0.004
8085.640	465	-0.027	8466.650	1053	-0.011
8106.400	497	-0.001	8503.560	1110	-0.035
8146.560	559	-0.014	8849.590	1644	-0.010

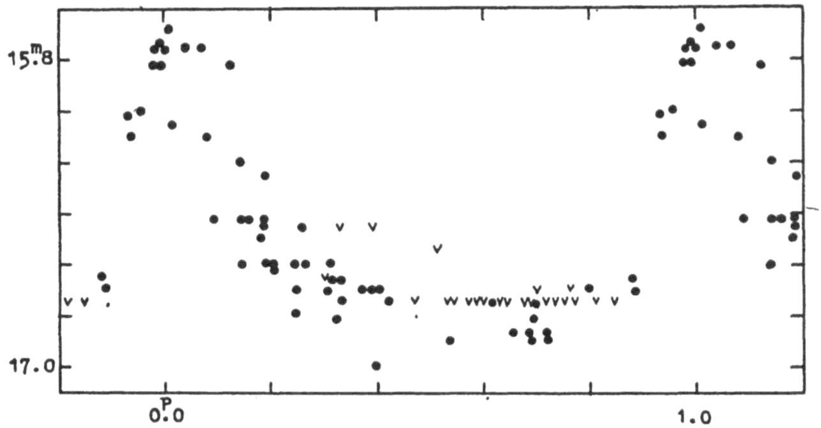

S 8063 Com — RR-Lyrae-Stern; 14.^{m}9 - 15.^{m}7

Max. = 243 7785.380 + 0.^{d}33974·E

M - m = 0.^{p}20 Typ RRc

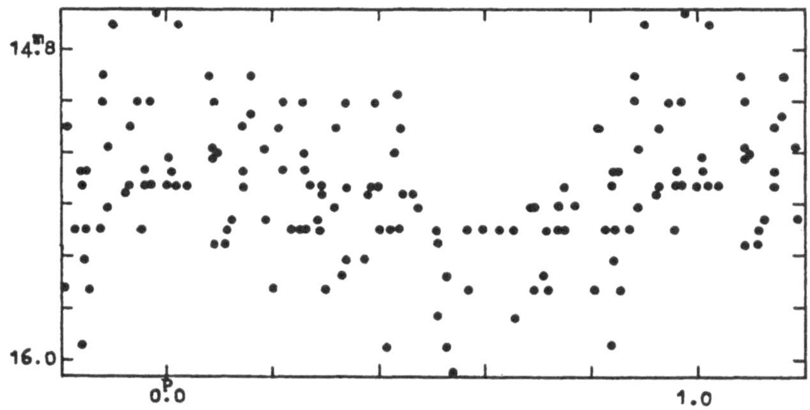

JD	E	B–R	JD	E	B–R
243 7785.434	0	+0^{d}.054	243 8415.555	1855	–0^{d}.043
7790.459	15	–0.017	8432.520	1905	–0.065
8084.461	880	+0.110	8464.510	1999	–0.010
8085.459	883	+0.089	8466.590	2005	+0.031
8088.435	892	+0.007	8503.549	2114	–0.041
8106.400	945	–0.034	8817.661	3038	+0.151
8140.400	1045	–0.008	8827.663	3068	–0.039
8142.450	1051	+0.003	9180.502	4106	+0.150
8146.517	1063	+0.007			

<u>S 7792 Com</u> RR-Lyrae-Stern; 13^{m}.3 – 14^{m}.3

Max. = 243 7779.456 + 0^{d}.645536·E

M – m = 0^{p}.25 Typ RRab

JD	E	B–R	JD	E	B–R
243 7779.466	0	+0^{d}.010	243 8088.650	479	–0^{d}.018
7790.417	17	–0.013	8116.431	522	+0.005
7821.424	65	+0.008	8140.356	559	+0.045
8083.524	471	+0.021	8414.633	984	–0.030
8085.459	474	+0.019	8447.628	1035	+0.042

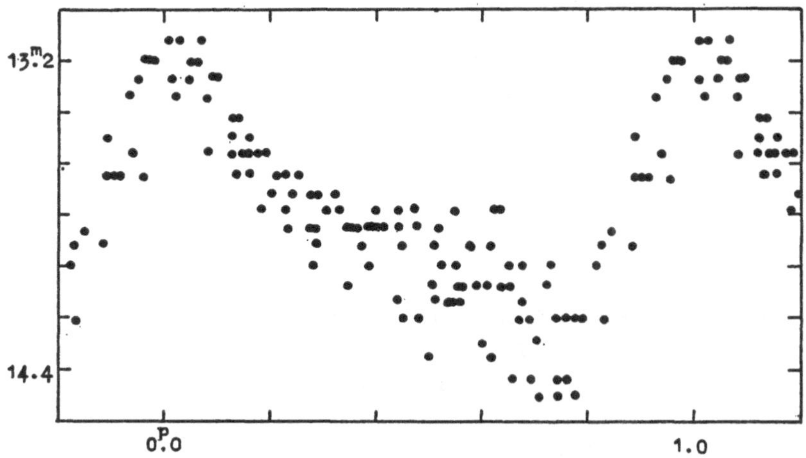

<u>S 7793 Com</u> Mira-Stern; 12^{m}.1 – 15^{m}.3

Max. = 243 7770 + 130^{d}·E

JD	E	B–R	JD	E	B–R
243 7770	0	0^{d}	243 8540	6	–10^{d}
8060	2	+30	8810	8	0
8160	3	0	9190	11	–10
8410	5	–10			

S 7794 Com RR-Lyrae-Stern; $14^m.9 - 15^m.8$

Max. = 243 7764.250 + $0^d.72262$·E

M – m = $0^p.13$ Typ RRab

JD	E	B–R	JD	E	B–R
243 7764.405	0	$+0^d.155$	243 8146.517	529	$+0^d.001$
7779.398	21	−0.027	8414.592	900	−0.016
7795.519	43	+0.196	8464.423	969	−0.046
7818.497	75	+0.050	8466.640	972	+0.003
8083.650	442	+0.002	8503.549	1023	+0.059
8084.461	443	+0.090	8849.590	1502	−0.035
8088.700	449	−0.006	8852.542	1506	+0.026

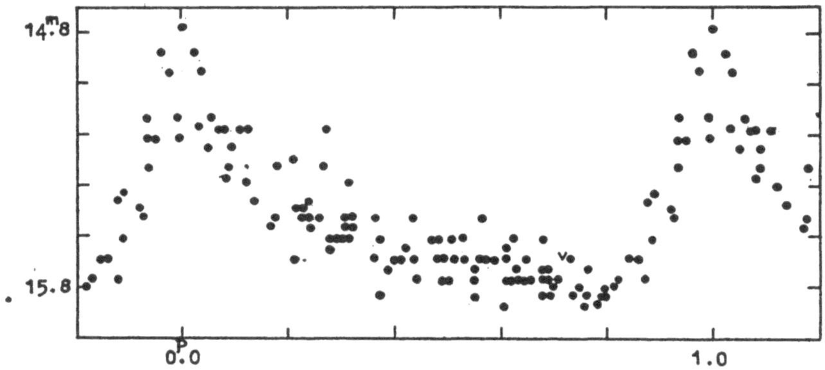

S 7795 Com RR-Lyrae-Stern; $13^m.4 - 14^m.6$

Max. = 243 7779.398 + $0^d.593595$·E

M – m = $0^p.15$ Typ RRab

JD	E	B–R
243 7779.398	0	$0^d.000$
7814.432	59	+0.012
8084.545	514	+0.039
8088.650	521	−0.011
8106.463	551	−0.006
8446.621	1124	+0.022
8464.423	1154	+0.016
8827.663	1766	−0.024
8851.470	1806	+0.039

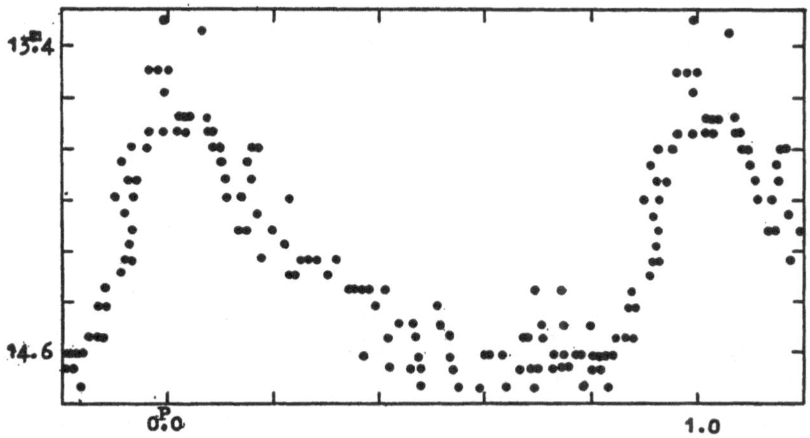

S 9236 Com   RR-Lyrae-Stern; $15^m.9$ - $16^m.5$

Max. = 243 7764.240 + $0^d.320379 \cdot E$

M - m = $0^p.15$ Typ RRc

JD	E	B-R	JD	E	B-R
243 7764.400	0	+$0^d.160$	243 8414.640	2030	+$0^d.031$
7783.460	60	-0.003	8415.600	2033	+0.029
7785.434	66	+0.049	8446.670	2130	+0.023
7793.450	91	+0.056	8447.630	2133	+0.022
7822.520	182	-0.029	8464.580	2186	-0.008
7823.454	185	-0.056	8465.550	2189	0.000
8085.600	1003	+0.020	8466.530	2192	+0.019
8088.500	1012	+0.036	8502.416	2304	+0.023
8106.440	1068	+0.035	8525.420	2376	-0.041
8116.387	1099	+0.050	8817.661	3288	+0.015
8140.356	1174	-0.009	8827.663	3319	+0.085
8142.350	1180	+0.063	8852.542	3397	-0.025
8142.590	1181	-0.018	9205.593	4499	-0.032
8146.517	1193	+0.065			

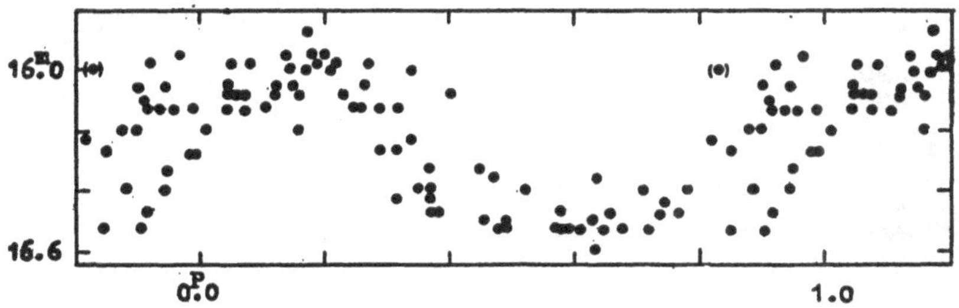

S 7796 Com RR-Lyrae-Stern; 12$^{m}_{.}$8 - 13$^{m}_{.}$3
Max. = 243 7783.444 + 0$^{d}_{.}$22592·E
Typ RRc

Die große Streuung der Lichtkurve dürfte durch ungünstige Wahl der Vergleichssterne verursacht sein. Möglicherweise handelt es sich um einen W-UMa-Stern mit der doppelten Periode.

JD	E	B-R	JD	E	B-r
243 7783.444	0	0$^{d}_{.}$000	243 8146.560	1582	-0$^{d}_{.}$015
7784.396	4	+0.034	8414.592	2750	-0.032
7816.475	144	-0.020	8415.555	2754	+0.013
8084.520	1312	-0.054	8432.520	2828	-0.007
8085.660	1317	-0.062	8447.650	2894	-0.025
8088.500	1329	+0.024	8464.600	2968	-0.059
8106.400	1407	+0.021	8465.530	2972	-0.047
8116.431	1451	-0.047	8466.460	2976	-0.036
8140.390	1555	+0.042	8817.661	4506	0.000
8142.369	1564	-0.044			

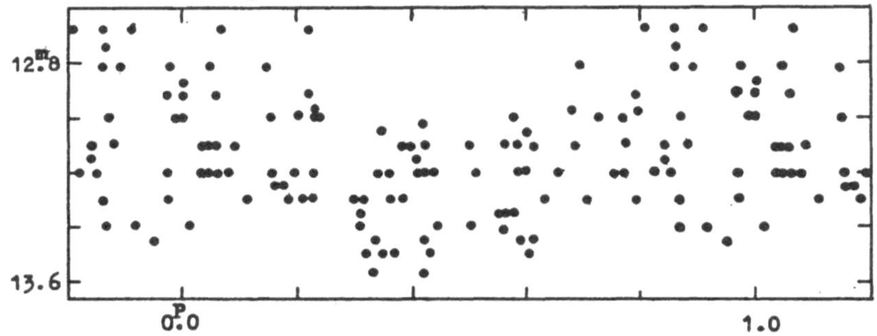

S 8064 Com W-UMa-Stern; 15$^{m}_{.}$2 - 15$^{m}_{.}$7
Min. = 243 7779.425 + 0$^{d}_{.}$28208·E

JD	E	B-R	JD	E	B-R
243 7779.398	0	-0$^{d}_{.}$027	243 7823.454	156	+0$^{d}_{.}$025
7781.367	7	-0.033	8083.540	1078	-0.033
7783.490	14.5	-0.025	8084.480	1081.5	-0.015
7793.488	50	-0.031	8085.485	1085	+0.003
7795.530	57	+0.026	8085.620	1085.5	-0.003
7814.432	124	+0.029	8088.455	1095.5	+0.011
7818.497	138.5	+0.004	8088.580	1096	-0.005
7820.473	145.5	+0.005	8106.480	1159.5	-0.017
7822.444	152.5	+0.002	8140.356	1279.5	+0.010

JD	E	B-R	JD	E	B-R
243 8140.483	1280	$-0^{d}.004$	243 8465.463	2432	$+0^{d}.019$
8146.560	1301.5	+0.008	8466.549	2436	+0.023
8414.650	2252	-0.019	8502.416	2563	+0.020
8415.639	2255.5	-0.017	8503.549	2567	+0.025
8446.590	2365	+0.046	8817.661	3680.5	+0.041
8447.660	2369	-0.013	8827.663	3716	+0.029

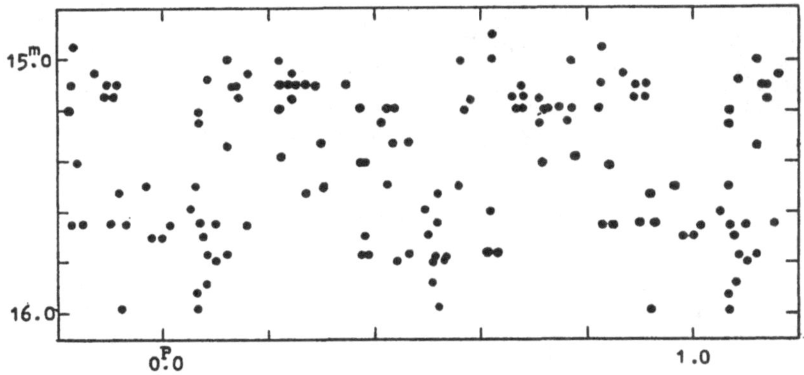

<u>S 8065 Com</u> RR-Lyrae-Stern; $14^{m}.1 - 14^{m}.4$

Max. = 243 7764.450 + $0^{d}.291303 \cdot E$

M - m = $0^{p}.15$ Typ RRc

JD	E	B-R	JD	E	B-R
243 7764.405	0	$-0^{d}.045$	243 8142.369	1297	$+0^{d}.099$
7779.398	51	+0.092	8142.588	1298	+0.027
7783.444	65	+0.059	8414.676	2232	+0.038
7795.476	106	+0.148	8415.570	2235	+0.058
7820.473	192	+0.093	8432.520	2293	+0.112
8084.588	1099	-0.004	8446.663	2342	-0.019
8085.480	1102	+0.014	8447.628	2345	+0.072
8088.435	1112	+0.057	8830.613	3660	-0.006
8088.650	1113	-0.020	9180.502	4861	+0.028
8116.387	1208	+0.043	9205.593	4947	+0.067
8140.483	1291	-0.039			

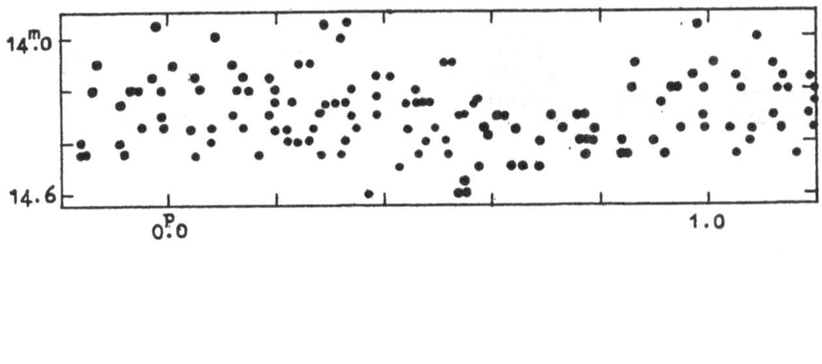

S 8493 Com RR-Lyrae-Stern; $15^m_.1 - 16^m_.0$

Max. = 243 7785.280 + $0^d_.35667 \cdot E$

M - m = $0^p_.35$ Typ RRc

JD	E	B-R	JD	E	B-R
243 7785.434	0	$+0^d_.154$	243 8146.560	1013	$-0^d_.027$
7818.497	93	+0.047	8415.555	1767	+0.039
7822.416	104	+0.042	8446.579	1854	+0.033
7823.454	107	+0.010	8447.628	1857	+0.012
8083.481	836	+0.025	8464.423	1904	+0.043
8084.530	839	+0.004	8465.421	1907	-0.029
8085.620	842	+0.024	8466.500	1910	-0.020
8088.435	850	-0.015	8852.542	2992	+0.105
8142.369	1001	+0.062	9205.593	3982	+0.053
8143.376	1004	-0.001			

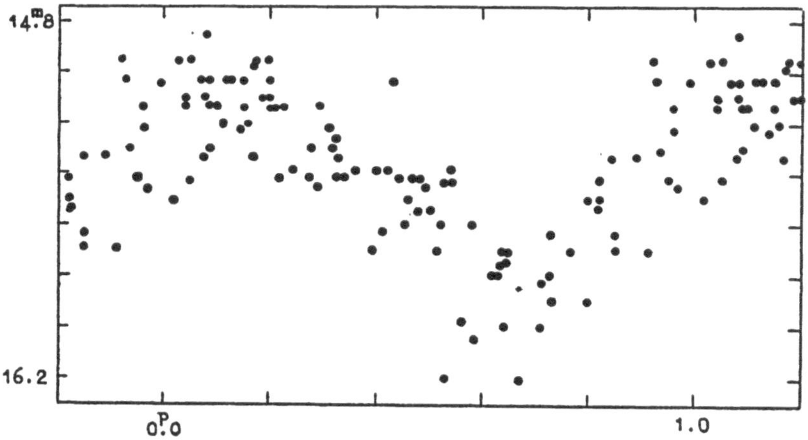

S 8494 Com RR-Lyrae-Stern; $16^m_.3 - 17^m_.1$

Max. = 243 7764.405 + $0^d_.354188 \cdot E$

Typ RRc:

JD	E	B-R	JD	E	B-R
243 7764.405	0	$0^d_.000$	243 8501.454	2081	$-0^d_.016$
7793.450	82	+0.002	8502.549	2084	+0.016
7822.501	164	+0.009	8503.593	2087	-0.002
8083.550	901	+0.022	8830.613	3010	+0.102
8084.590	904	-0.001	8902.431	3213	+0.020
8085.680	907	+0.026	9205.593	4069	-0.003

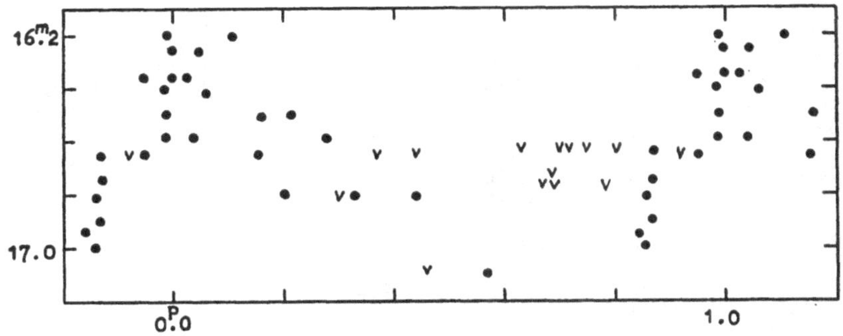

<u>S 8066 Com</u> RR-Lyrae-Stern; $13\overset{m}{.}3 - 14\overset{m}{.}9$

Max. = 243 7779.400 + $0\overset{d}{.}344465 \cdot E$

M - m = $0\overset{p}{.}20$ Typ RRab

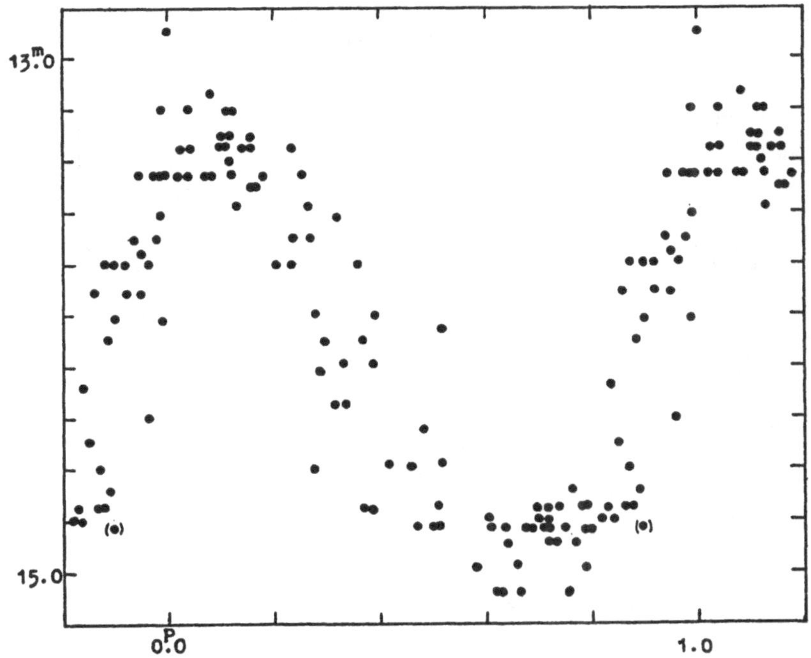

JD	E	B-R	JD	E	B-R
243 7779.420	0	$+0^{d}.020$	243 8415.610	1847	$-0^{d}.017$
7783.515	12	-0.019	8432.520	1896	+0.014
7788.387	26	+0.031	8446.621	1937	-0.008
7822.501	125	+0.043	8447.640	1940	-0.022
8083.540	883	-0.023	8464.550	1989	+0.009
8084.590	886	-0.006	8465.590	1992	+0.016
8085.640	889	+0.011	8466.620	1995	+0.012
8088.435	897	+0.050	8501.454	2096	+0.055
8140.400	1048	+0.001	8817.661	3014	+0.043
8142.480	1054	+0.014	8827.663	3043	+0.056
8146.570	1066	-0.030	9144.580	3963	+0.065
8414.592	1844	-0.001			

<u>S 8495 Com</u> RR-Lyrae-Stern; $14^{m}.4 - 15^{m}.6$

Max. = 243 7781.367 + $0^{d}.572880 \cdot E$

M - m = $0^{P}.18$ Typ RRab

JD	E	B-R	JD	E	B-R
243 7781.367	0	$0^{d}.000$	243 8088.435	536	$+0^{d}.004$
7785.434	7	+0.057	8415.555	1107	+0.010
7821.424	70	-0.045	8447.628	1163	+0.002
7821.466	70	-0.003	8466.506	1196	-0.025
8085.544	531	-0.022	8466.549	1196	+0.018

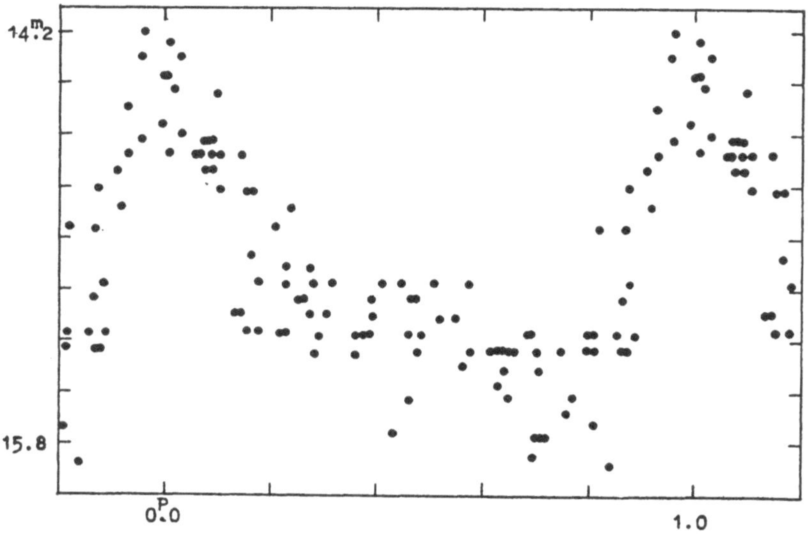

S 9237 Com Halbregelmäßig; $13^m_.9 - 16^m_.3$

Max. = 243 7750.0 + $91^d_.5$·E

JD	E	B–R
243 7750	0	0^d
7840	1	− 1
8110	4	− 6
8440	7	+49
8500	8	+18
8850	12	+ 2
9140	15	+17
9220	16	+ 6

S 8067 Com RR-Lyrae-Stern; $14^m_.4 - 15^m_.4$

Max. = 243 9527.620 + $0^d_.5362$·E

M − m = $0^p_.08$ Typ RRab

JD	E	B–R
243 9527.620	0	$0^d_.000$
9533.531	11	+0.013
9535.677	15	+0.014
9593.567	123	−0.006
9596.395	128	+0.141
9620.400	173	+0.017

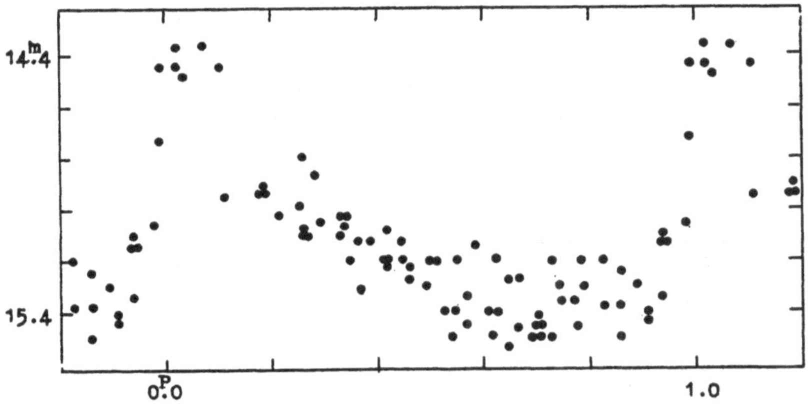

S 7797 Com RR-Lyrae-Stern; $14^m_.8 - 15^m_.6$

Max. = 243 7764.440 + $0^d_.62437$·E

M − m = $0^p_.16$ Typ RRab

JD	E	B–R	JD	E	B–R
243 7764.443	0	$+0^{\mathrm{d}}.003$	243 8415.650	1043	$-0^{\mathrm{d}}.008$
7779.444	24	+0.019	8432.560	1070	+0.044
7781.367	27	+0.069	8447.628	1094	+0.127
7784.396	32	−0.024	8465.620	1123	+0.012
7822.501	93	−0.005	8849.590	1738	−0.005
8083.481	511	−0.012	8851.470	1741	+0.002
8088.450	519	−0.038	8856.531	1749	+0.068
8140.400	602	+0.089	9180.502	2268	−0.009
8146.530	612	−0.024			

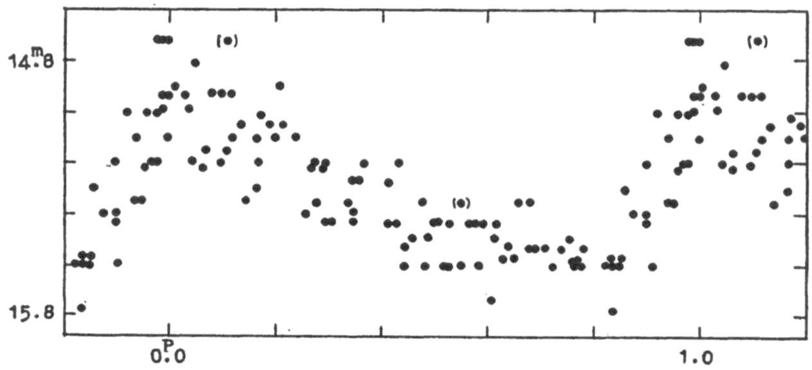

S 7798 Com   RR-Lyrae-Stern; $13^{\mathrm{m}}.7 - 15^{\mathrm{m}}.7$

Max. = 243 8083.556 + $0^{\mathrm{d}}.487016 \cdot E$

M − m = $0^{\mathrm{p}}.10$ Typ RRab

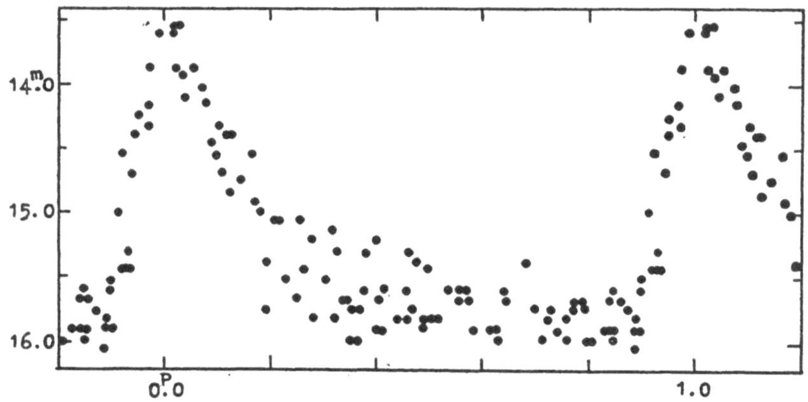

JD	E	B-R
243 7822.501	− 536	$-0\overset{d}{.}014$
8083.566	0	+0.010
8084.545	+ 2	+0.015
8085.501	4	−0.003
8106.463	47	+0.017
8140.525	117	−0.012
8142.496	121	+0.011
8415.680	682	−0.021
8464.423	782	+0.020
8501.454	858	+0.038
8502.416	860	+0.046
8852.542	1579	−0.012
8853.539	+1581	+0.011

<u>S 8068 Com</u> RR-Lyrae-Stern; $15\overset{m}{.}5 - 16\overset{m}{.}2$

Max. = 243 7696.510 + $0\overset{d}{.}35455 \cdot E$

M − m = $0\overset{p}{.}28$ Typ RRc

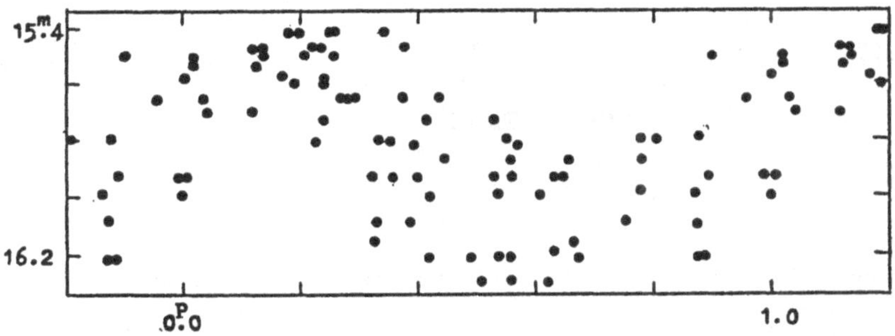

JD	E	B-R
243 7696.510	0	$0\overset{d}{.}000$
7781.367	239	+0.120
7783.444	245	+0.070
7788.387	259	+0.049
7818.497	344	+0.022
7822.450	355	+0.075
8084.461	1094	+0.073
8085.459	1097	+0.008
8088.607	1106	−0.035
8106.463	1156	+0.093
8116.387	1184	+0.090

JD	E	B-R
243 8414.592	2025	$+0^{d}.118$
8415.555	2028	+0.018
8464.550	2166	+0.085
8466.422	2171	+0.184
8466.634	2172	+0.041
8502.416	2273	+0.014
8528.395	2346	+0.111
8817.661	3162	+0.064
8849.590	3252	+0.083
8854.455	3266	-0.015
9144.577	4084	+0.085

CSV 1944 Com   RR-Lyrae-Stern; $13^{m}.3$ - $16^{m}.0$

Zahlreiche Reihenaufnahmen zeigen, daß die Periode bei etwa $0^{d}.55$ liegt. Es gelingt jedoch nicht, Elemente abzuleiten, die alle Beobachtungen darstellen. Es ist daher mit Änderungen der Periodenlänge und wahrscheinlich auch der Lichtkurvenform zu rechnen.

S 8496 Com   RR-Lyrae-Stern; $14^{m}.9$ - $15^{m}.7$

Max. = 243 7696.590 + $0^{d}.39983 \cdot E$

M - m = $0^{p}.25$ Typ RRc

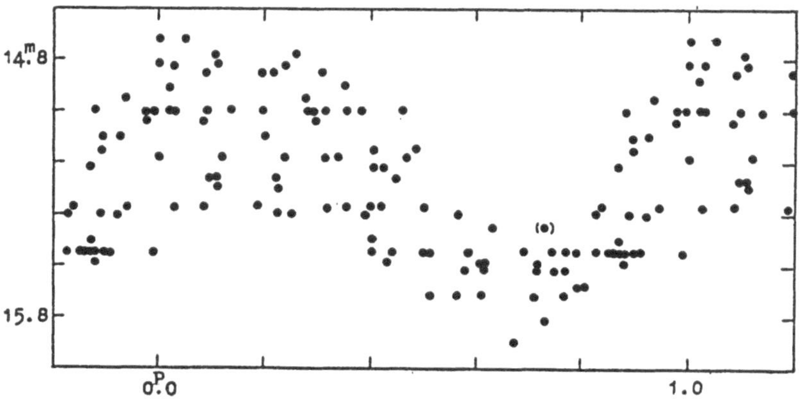

JD	E	B-R	JD	E	B-R
243 7696.590	0	$0^d.000$	243 8465.463	1923	$0^d.000$
7766.599	175	+0.039	8466.650	1926	-0.013
7781.367	212	+0.013	8501.454	2013	+0.006
8084.461	970	+0.036	8503.549	2018	+0.102
8088.435	980	+0.012	8525.450	2073	+0.012
8116.400	1050	-0.012	8531.434	2088	-0.001
8140.500	1110	+0.099	8830.613	2836	+0.105
8414.650	1796	-0.035	8852.542	2891	+0.043
8415.555	1798	+0.071	8902.431	3016	-0.046
8446.670	1876	-0.001			

<u>S 7799 Com</u> RR-Lyrae-Stern; $15^m.4 - 16^m.2$

Max. = 243 7783.470 + $0^d.49236 \cdot E$

M - m = $0^p.10$ Typ RRab

JD	E	B-R
243 7783.480	0	$+0^d.010$
7788.387	10	-0.007
8106.463	656	+0.005
8140.439	725	+0.008
8142.411	729	+0.011
8414.676	1282	0.000
8415.680	1284	+0.020
8446.663	1347	-0.016
8447.670	1349	+0.006
8525.446	1507	-0.011

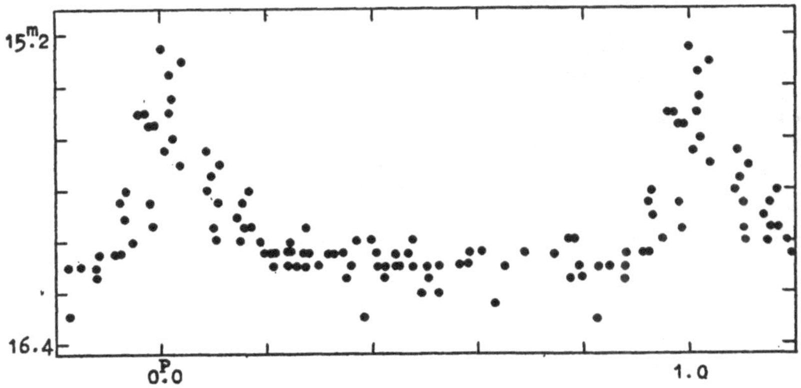

<u>S 7800 Com</u> RR-Lyrae-Stern; $13^m.9 - 15^m.4$

Max. = 243 7785.414 + $0^d.465965 \cdot E$

M - m = $0^p.15$ Typ RRab

JD	E	B-R	JD	E	B-R
243 7785.434	0	+0.ᵈ020	243 8140.483	762	+0.ᵈ004
7812.460	58	+0.020	8142.369	766	+0.026
7818.497	71	-0.001	8146.517	775	-0.020
8084.545	642	-0.019	8446.621	1419	+0.003
8085.459	644	-0.036	8502.549	1539	+0.015
8106.463	689	-0.001	8525.403	1588	+0.037

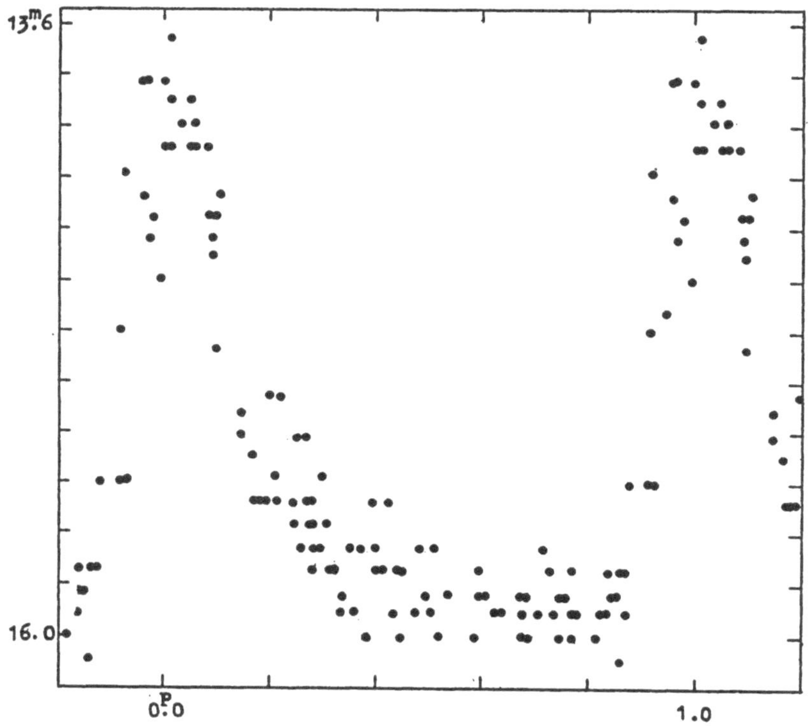

<u>S 8069 Com</u> RR-Lyrae-Stern; $15^m_.1 - 16^m_.0$

Max. = 243 7705.680 + $0^d_.41421 \cdot E$

M - m = $0^p_.20$ Typ RRab

JD	E	B-R	JD	E	B-R
243 7705.666	0	$-0^d.014$	243 7841.480	328	$-0^d.061$
7766.599	147	+0.030	8083.481	912	+0.041
7779.444	178	+0.035	8085.550	917	+0.039
7783.515	188	-0.036	8501.454	1921	+0.077
7784.396	190	+0.016	8525.403	1979	+0.001
7818.497	272	+0.152	8549.435	2037	+0.009
7820.473	277	+0.057	9205.593	3621	+0.059
7822.500	282	+0.013			

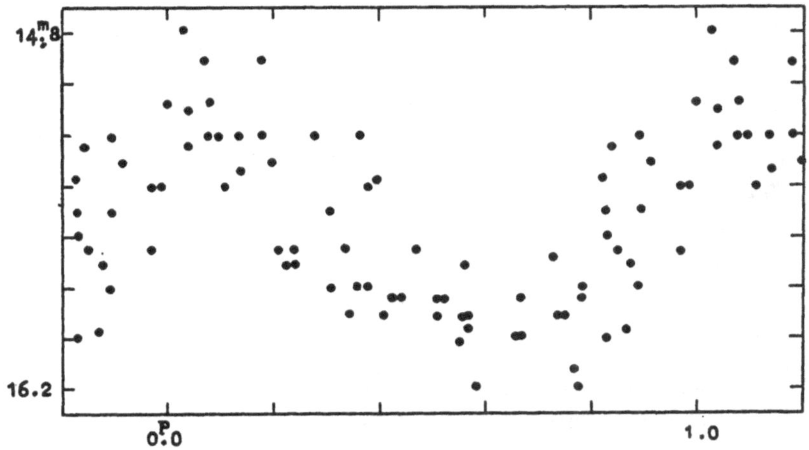

S 7801 Com   Bedeckungsveränderlicher; $14^m.4 - 15^m.9$

Min. = 243 7705.584 + $0^d.361867 \cdot E$

JD	E	B-R
243 7779.398	204	$-0^d.007$
7795.476	248.5	-0.032
7818.497	312	+0.010
8084.461	1047	+0.002
8085.544	1050	0.000
8501.526	2199.5	+0.016
8502.416	2202	+0.001
8525.403	2265.5	+0.009
8528.459	2274	-0.011
8830.613	3109	-0.016

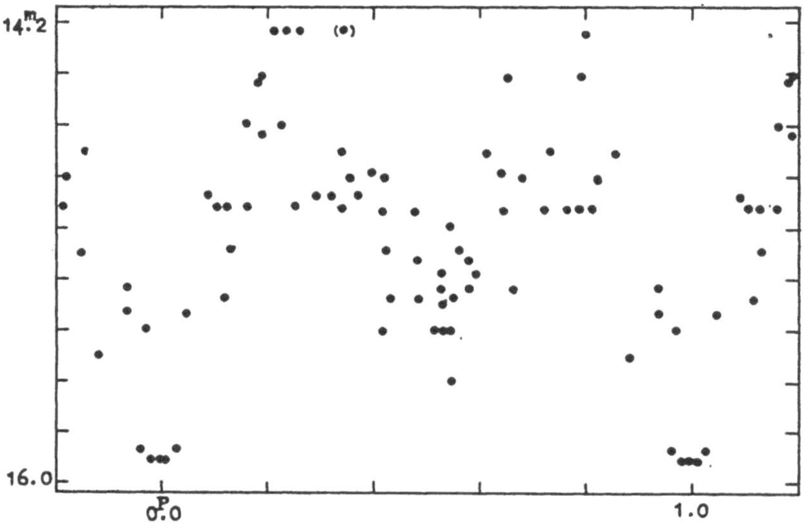

S 8070 Com — RR-Lyrae-Stern; $12^m.6 - 14^m.3$

Max. = 243 7705.490 + $0^d.66141 \cdot E$

M - m = $0^p.07$ Typ RRab

Der Stern konnte nur auf wenigen GC-Platten beobachtet werden. Überwachungsplatten wurden zusätzlich nach Erhellungen abgesucht, so daß die Elemente bestimmt werden konnten.

JD	E	B-R
243 7705.549	0	+0ᵈ.059
7764.443	89	+0.088
7783.515	118	-0.021
7793.488	133	+0.030
7795.476	136	+0.034
8084.461	573	-0.017
8088.536	579	+0.090
8090.550	582	+0.119

S 7802 Com — Langsam veränderlich (unregelmäßig); $12^m.0 - 12^m.3$

Der Stern wurde zusätzlich auf Überwachungsplatten beobachtet. Er zeigt langsamen, unregelmäßigen Lichtwechsel geringer Amplitude.

S 8071 Com RR-Lyrae-Stern; $14^{m}_{.}8 - 15^{m}_{.}3$

Max. = 243 9527.520 + $0^{d}_{.}6098 \cdot E$

M - m = $0^{P}_{.}15$ Typ RRab

JD	E	B-R
243 9527.593	0	$+0^{d}_{.}073$
9533.600	10	-0.018
9536.640	15	-0.027
9538.501	18	+0.005
9557.419	49	+0.019
9593.395	108	+0.017
9609.372	134	+0.139
9615.379	144	+0.048
9616.520	146	-0.031
9618.377	149	-0.003
9621.446	154	+0.017

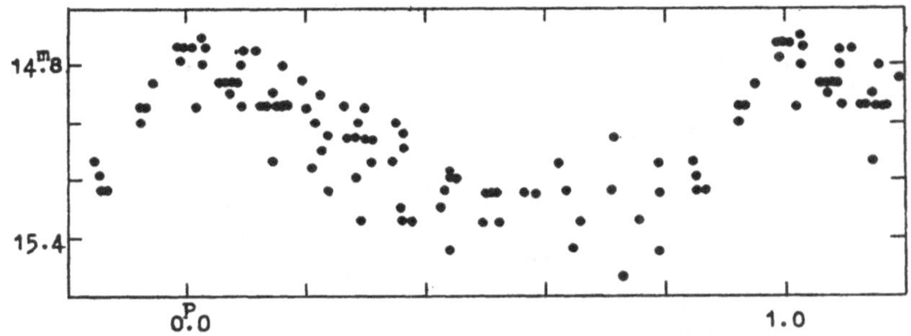

Feld 1 Bootis

Bearbeiter L. Meinunger

S 7803 Com   RR-Lyrae-Stern; $15^{m}_{.}3 - 16^{m}_{.}1$

Max. = 243 7669.540 + $0^{d}_{.}62075 \cdot E$

M - m = $0^{p}_{.}08$ Typ RRab

JD	E	B-R
243 7669.600	0	$+0^{d}_{.}060$
8170.516	807	+0.031
8466.600	1284	+0.017
8471.580	1292	+0.031
8473.410	1295	-0.001
8502.609	1342	+0.022
8831.658	1872	+0.074

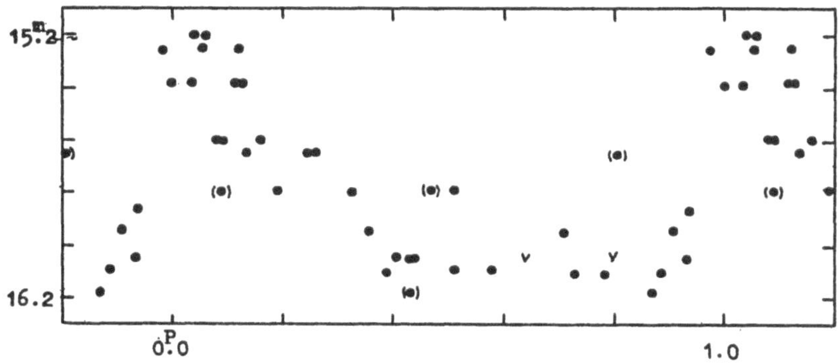

S 8072 Com   RR-Lyrae-Stern; $15^{m}_{.}7 - 16^{m}_{.}2$

Max. = 243 7668.575 + $0^{d}_{.}305352 \cdot E$

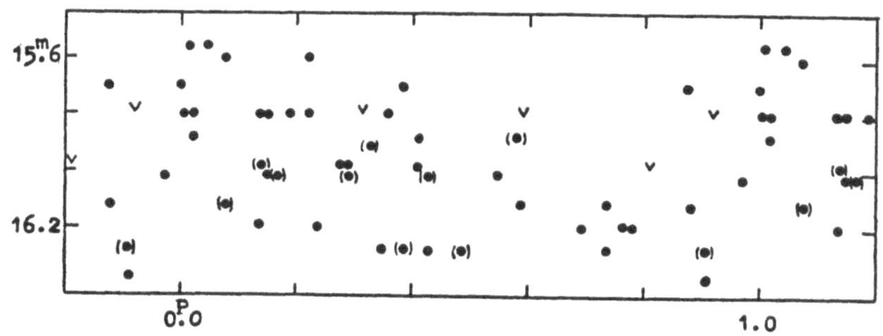

Der Stern konnte nur auf GC-Platten beobachtet werden. Reihenaufnahmen zeigen, daß die Periode bei $0\overset{d}{.}30$ liegt. Infolge der großen Zwischenzeiten kann die Richtigkeit der angegebenen Elemente nicht verbürgt werden. Die große Streuung der Lichtkurve ist vor allem dadurch bedingt, daß der Stern in der Nähe der Grenzhelligkeit der Platten liegt.

JD	E	B-R
243 7668.575	0	$0\overset{d}{.}000$
8146.466	1565	+0.015
8172.408	1650	+0.002
8465.620	2610	+0.076
8466.462	2613	+0.002
8471.387	2629	+0.042
8472.530	2633	-0.037
8473.490	2636	+0.007
8501.599	2728	+0.024

<u>S 8073 Com</u> RR-Lyrae-Stern; $14\overset{m}{.}8 - 15\overset{m}{.}6$

Der Stern konnte nur auf GC-Platten beobachtet werden. Die Lichtkurve wurde mit folgenden Elementen gerechnet:

$$\text{Max.} = 243\ 8146.510 + 0\overset{d}{.}30921 \cdot E$$

Die Beobachtungen lassen sich auch durch die Periode $0\overset{d}{.}3098$ darstellen. Infolge der großen Zwischenzeiten ist eine Entscheidung, welche Periode wirksam ist, nicht möglich.

JD	E	B-R
243 8146.510	0	$0\overset{d}{.}000$
8169.440	74	+0.005
8465.612	1030	+0.008
8466.560	1033	+0.027
8471.513	1049	+0.023
8472.440	1052	+0.020
8473.400	1055	+0.051
8501.599	1146	+0.058

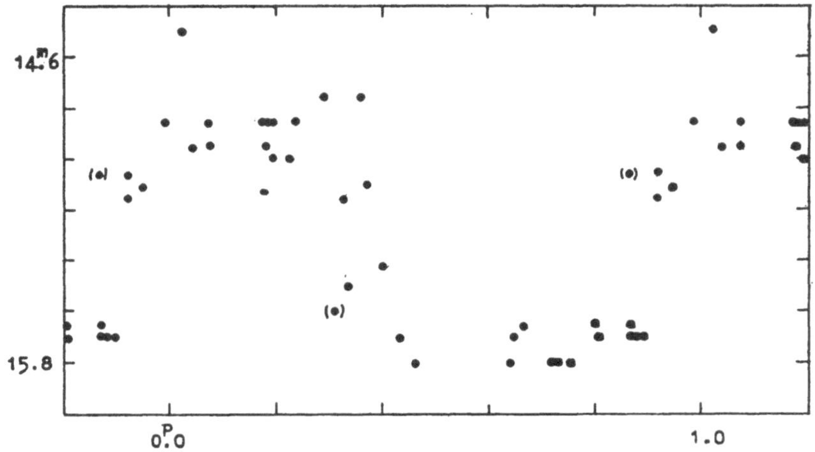

S 8074 Com — RR-Lyrae-Stern; $11\overset{m}{.}6 - 13\overset{m}{.}1$

Max. = 243 7669.500 + $0\overset{d}{.}58412 \cdot E$

M - m = $0\overset{p}{.}14$ Typ RRab

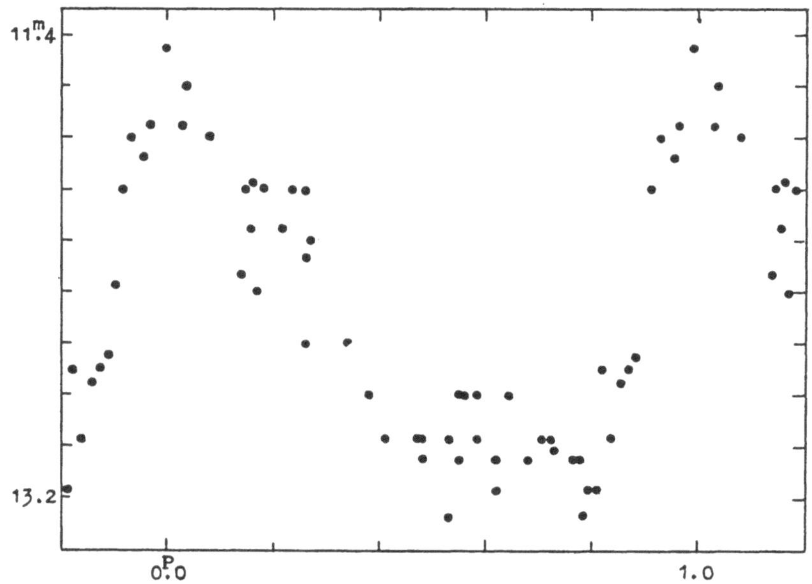

JD	E	B-R
243 7669.599	0	+0ᵈ.099
8168.428	854	+0.090
8172.420	861	-0.007
8465.640	1363	-0.016
8471.500	1373	+0.003
8472.660	1375	-0.005
8473.340	1376	+0.091

S 8497 Com — RR-Lyrae-Stern; $15\overset{m}{.}1 - 16\overset{m}{.}1$

Max. = 243 7668.430 + $0\overset{d}{.}55498 \cdot E$

M - m = $0\overset{p}{.}10$ Typ RRab

Die große Streuung im Maximum kann möglicherweise durch Änderung der Form der Lichtkurve verursacht sein.

JD	E	B-R	JD	E	B-R
243 7668.575	0	+0ᵈ.135	243 8502.609	1503	+0ᵈ.045
8112.417	800	+0.003	8525.380	1544	+0.061
8113.587	802	+0.063	9184.605	2732	-0.030
8168.477	901	+0.010	9204.580	2768	-0.035
8173.471	910	+0.009	9238.460	2829	-0.008
8471.530	1447	+0.044	9262.419	2872	+0.086

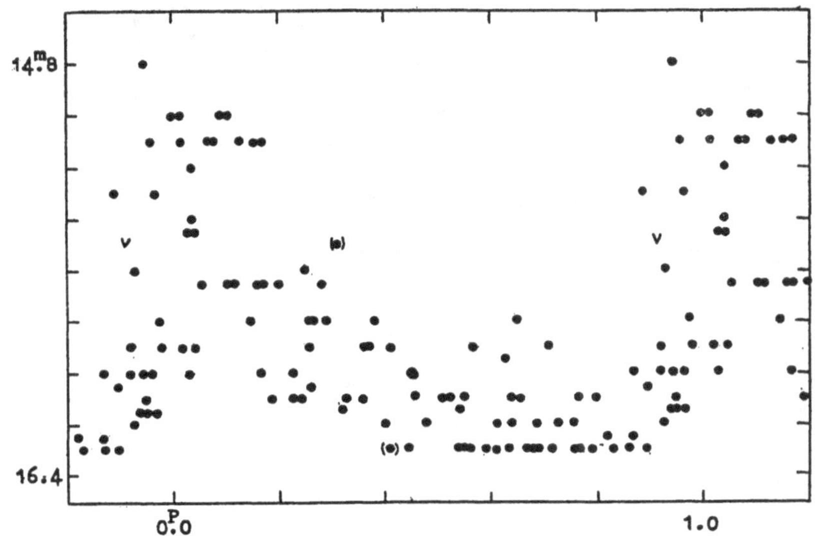

S 8075 Com Konstant; $10^{m}_{.}5$

Der rote Stern wurde zusätzlich auf Überwachungsplatten der Jahre 1956 ... 65 beobachtet. Die geringfügigen beobachteten Schwankungen dürften auf photographischen Effekten beruhen.

S 8076 Com RR-Lyrae-Stern; $13^{m}_{.}8 - 14^{m}_{.}5$
Max. = 243 7669.480 + $0^{d}_{.}74794 \cdot E$
M – m = $0^{p}_{.}15$ Typ RRab

JD	E	B-R	JD	E	B-R
243 7669.599	0	$+0^{d}_{.}119$	243 8503.437	1115	+0.004
7812.451	191	+0.114	8853.480	1583	+0.011
7821.414	203	+0.102	8878.412	1616	+0.261
7824.414	207	+0.110	8883.407	1623	+0.020
8168.428	667	+0.072	8901.449	1647	+0.112
8171.423	671	+0.075	9146.647	1975	-0.015
8473.510	1075	-0.006			

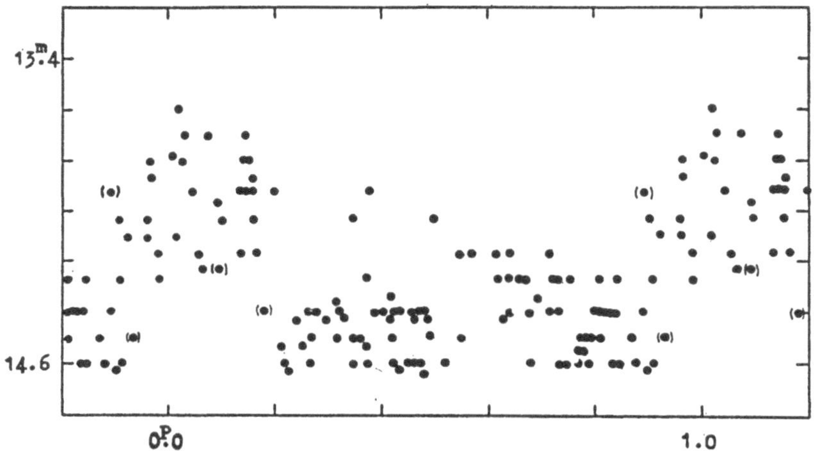

S 8077 Com RR-Lyrae-Stern; $15^{m}_{.}1 - 15^{m}_{.}7$
Max. = 243 7668.550 + $0^{d}_{.}35344 \cdot E$
M – m = $0^{p}_{.}12$ Typ RRab

JD	E	B-R	JD	E	B-R
243 7668.575	0	+0^d.025	243 8521.396	2413	-0^d.005
7669.599	3	-0.011	8531.398	2441	+0.101
7824.414	441	-0.003	8853.620	3353	-0.014
7841.424	489	+0.042	8854.412	3355	+0.091
8112.460	1256	-0.011	8878.412	3423	+0.037
8113.540	1259	+0.009	8883.407	3437	+0.084
8169.404	1417	+0.030	8901.450	3488	+0.101
8466.640	2258	+0.022	9270.436	4532	+0.096
8501.600	2357	-0.008			

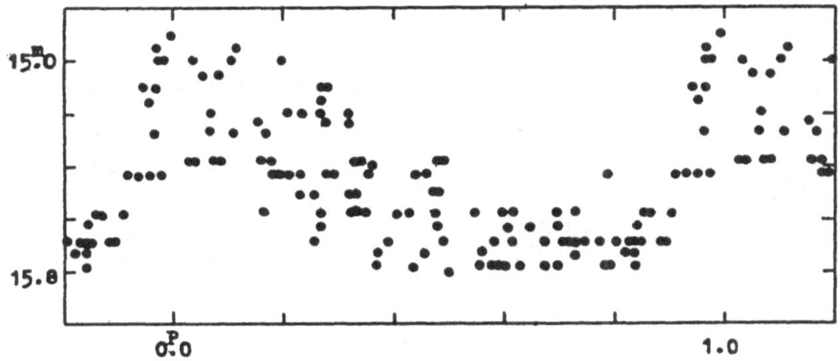

<u>S 8078 Com</u> RR-Lyrae-Stern; 14^m.1 - 14^m.7

Max. = 243 7769.580 + 0^d.45219·E

M - m = 0^p.10 Typ RRab

Die starke Streuung im Maximum ist wahrscheinlich durch Änderung der Form der Lichtkurve verursacht.

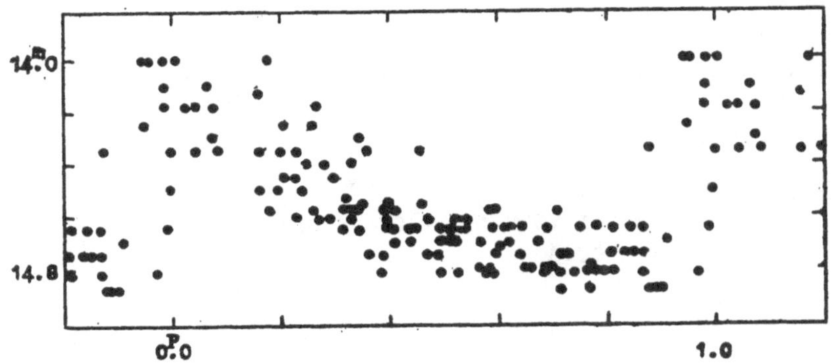

JD	E	B-R	JD	E	B-R
243 7669.600	0	$+0^{d}.020$	243 8473.620	1778	$+0^{d}.046$
7812.451	316	-0.021	8503.437	1844	+0.019
7822.413	338	-0.007	8522.412	1886	+0.002
7841.424	380	+0.012	8528.381	1899	+0.092
8111.400	977	+0.030	8531.398	1906	-0.056
8144.411	1050	+0.031	8853.408	2618	-0.005
8162.460	1090	-0.007	8901.449	2724	+0.103
8172.408	1112	+0.007	9260.389	3518	+0.005

<u>S 8079 Com</u> Bedeckungsstern; $13^{m}.5$ – $14^{m}.1$

Min. = 243 7821.880 + $1^{d}.26452 \cdot E$

Der Veränderliche steht in einer interessanten Sterngruppe.

JD	E	B-R	JD	E	B-R
243 7822.413	0.5	$-0^{d}.099$	243 8522.412	554	$-0^{d}.012$
8111.460	229	+0.005	8854.450	816.5	-0.089
8173.470	278	+0.053	8878.412	835.5	+0.026
8465.550	509	+0.029	8883.407	839.5	-0.038
8472.441	514.5	-0.035	8902.400	854.5	-0.012
8503.437	539	-0.019	9263.389	1140	-0.044

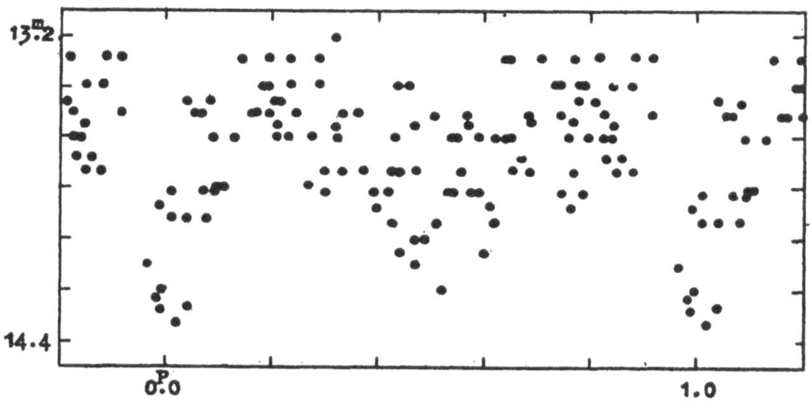

<u>S 7804 Com</u> RR-Lyrae-Stern; $13^{m}.7$ – $16^{m}.0$

Max. = 243 7668.575 + $0^{d}.464705 \cdot E$

M – m = $0^{p}.10$ Typ RRab

JD	E	B-R	JD	E	B-R
243 7668.575	0	$0^{d}.000$	243 8471.623	1728	$+0^{d}.038$
7822.413	331	+0.021	8472.529	1730	+0.014
8111.442	953	+0.003	8473.450	1732	+0.006
8112.400	955	+0.032	8501.350	1792	+0.024
8116.580	964	+0.029	8853.577	2550	+0.004
8144.454	1024	+0.021	8854.497	2552	-0.005
8171.423	1082	+0.037	8901.449	2653	+0.012
8465.570	1715	+0.026	9270.436	3447	+0.023
8466.462	1717	-0.009			

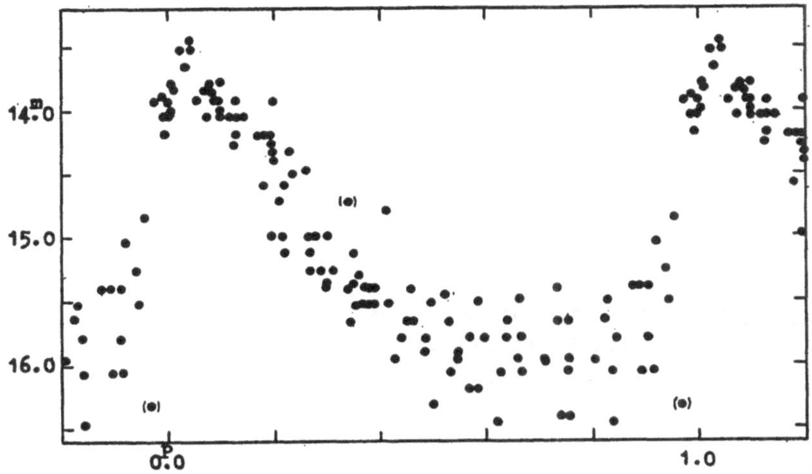

S 8498 Com RR-Lyrae-Stern; $15^{m}.0$ - $16^{m}.3$

Max. = 243 7820.400 + $0^{d}.59680 \cdot E$

M - m = $0^{p}.10$ Typ RRab

JD	E	B-R
243 7820.424	0	$+0^{d}.024$
7823.415	5	+0.031
8113.410	491	-0.019
8471.513	1091	+0.004
8501.350	1141	+0.001
8853.450	1731	-0.011
8856.440	1736	-0.005
8902.400	1813	+0.002
9180.500	2279	-0.007
9205.600	2321	+0.027

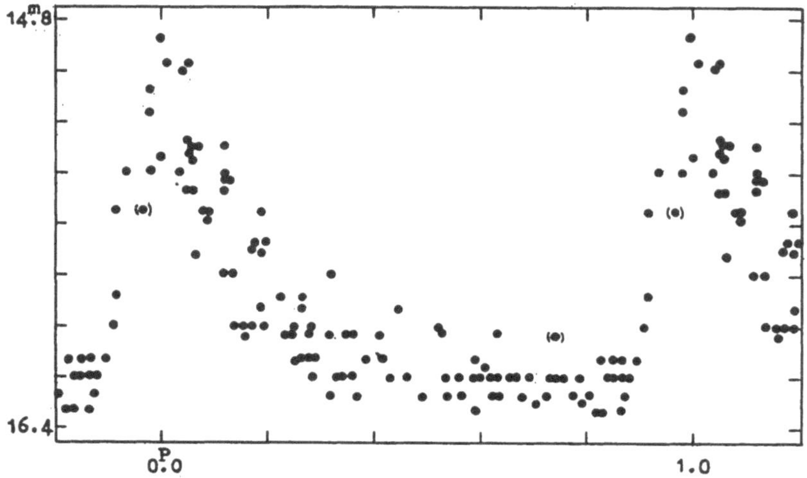

S 7805 Com	RR-Lyrae-Stern; $13^m.6 - 15^m.3$

Max. = 243 7812.465 + $0^d.56376 \cdot E$

M - m = $0^P.08$ Typ RRab

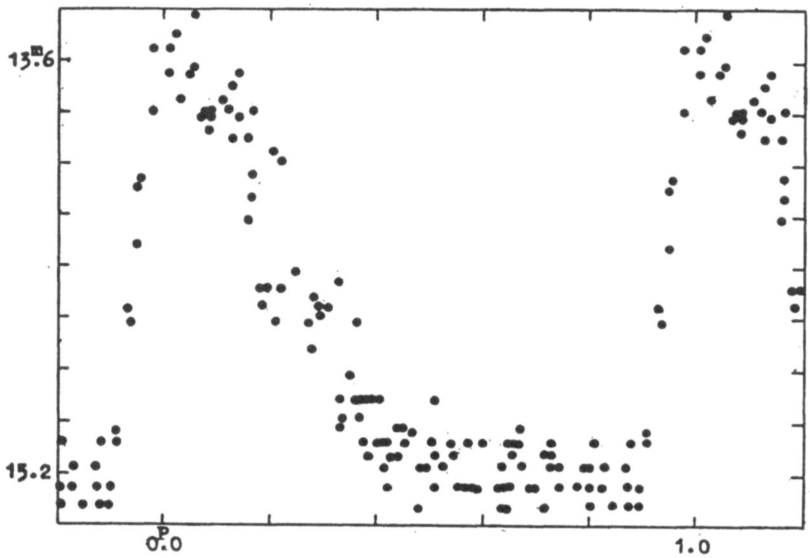

JD	E	B-R	JD	E	B-R
243 7812.451	0	$-0\overset{d}{.}014$	243 8170.516	635	$+0\overset{d}{.}063$
7820.424	14	+0.066	8466.440	1160	+0.013
7838.425	46	+0.027	8471.510	1169	+0.010
8112.417	532	+0.032	8472.620	1171	-0.008
8113.510	534	-0.003	8501.380	1222	0.000
8144.540	589	+0.020	9205.520	2471	+0.004
8169.400	633	+0.075			

<u>S 8080 Com</u> RR-Lyrae-Stern; $14\overset{m}{.}4 - 15\overset{m}{.}9$

Max. = 243 7818.450 + $0\overset{d}{.}483677 \cdot E$

M - m = $0\overset{p}{.}17$ Typ RRab

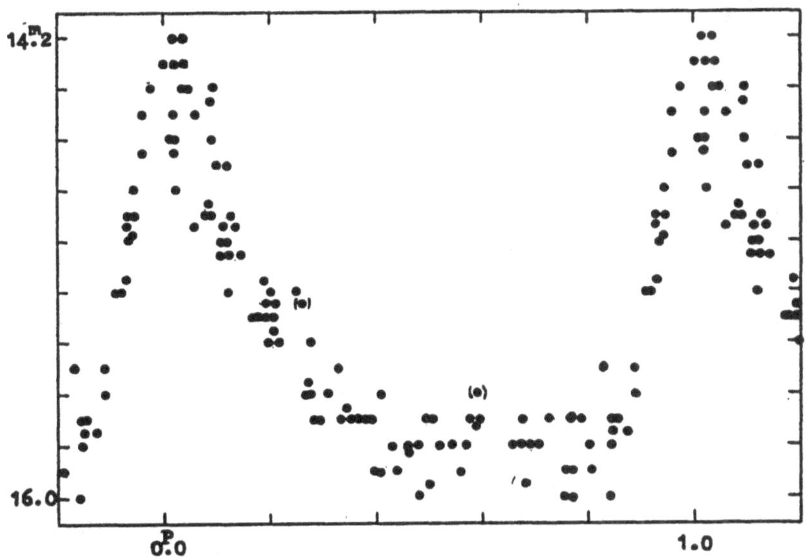

JD	E	B-R	JD	E	B-R
243 7818.500	0	$+0\overset{d}{.}050$	243 8501.400	1412	$-0\overset{d}{.}002$
8112.572	608	+0.046	8531.398	1474	+0.008
8113.500	610	+0.007	8853.530	2140	+0.011
8144.470	674	+0.022	8854.497	2142	+0.011
8146.380	678	-0.003	8856.440	2146	+0.019
8170.548	728	-0.019	8901.449	2239	+0.046
8173.471	732	-0.031	8902.400	2241	+0.030
8465.612	1338	+0.002	9146.647	2746	+0.020
8466.585	1340	+0.008	9270.436	3002	-0.012
8471.430	1350	+0.036			

S 8081 Com — RR-Lyrae-Stern; $16^m.0 - 16^m.9$

Max. = 243 7821.370 + $0^d.53484 \cdot E$

M - m = $0^p.15$ Typ RRab

JD	E	B-R	JD	E	B-R
243 7821.414	0	$+0^d.044$	243 8168.477	649	$+0^d.004$
7823.481	4	-0.028	8473.358	1219	+0.018
8112.417	544	+0.094	8525.380	1316	+0.160
8113.417	546	+0.024	8853.620	1930	+0.009
8116.552	552	-0.050	9205.522	2588	-0.014
8144.411	604	-0.002	9262.419	2694	+0.190
8146.571	608	+0.018			

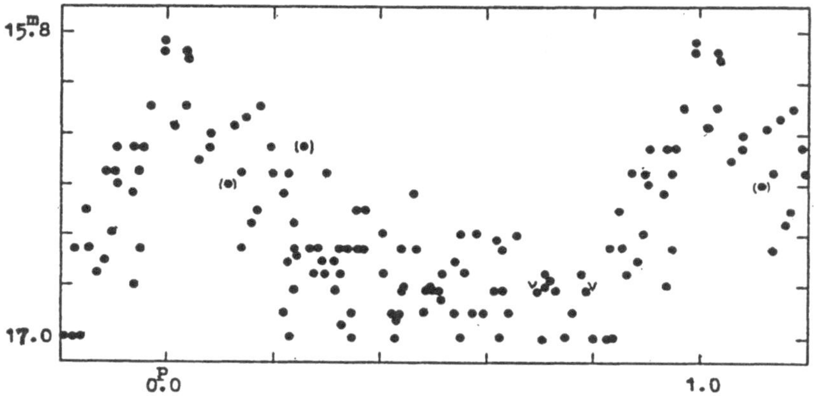

S 7806 Com — RR-Lyrae-Stern; $15^m.3 - 15^m.9$

Max. = 243 7669.500 + $0^d.363775 \cdot E$

M - m = $0^p.30$ Typ RRc

JD	E	B-R	JD	E	B-R
243 7669.599	0	$+0^d.099$	243 8472.380	2207	$+0^d.029$
7812.451	393	-0.013	8473.450	2210	+0.007
7823.415	423	+0.038	8501.490	2287	+0.037
7839.428	467	+0.045	8528.381	2361	+0.008
8111.460	1215	-0.027	8851.446	3249	+0.041
8112.580	1218	+0.002	8853.580	3255	-0.008
8113.640	1221	-0.029	8883.407	3337	-0.010
8116.560	1229	-0.019	9180.570	4151	-0.051
8144.540	1306	-0.050	9204.650	4220	+0.019
8146.400	1311	-0.009	9238.493	4313	+0.031
8162.420	1355	+0.005	9242.529	4324	+0.066
8179.519	1402	+0.006	9262.419	4379	-0.052
8197.423	1451	+0.085	9270.436	4401	-0.038

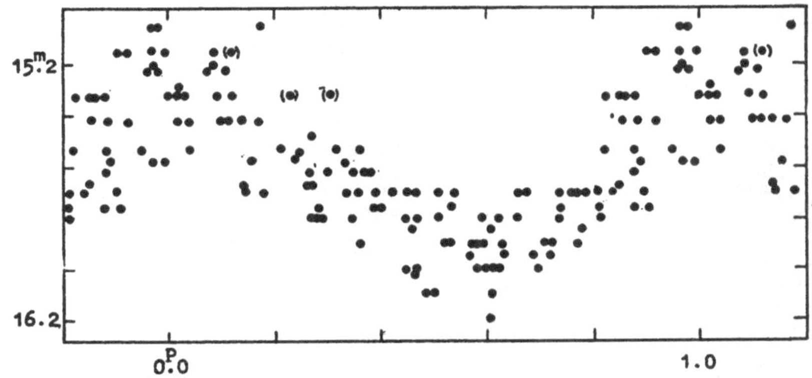

<u>S 8082 Com</u> RR-Lyrae-Stern; $13^m.3 - 14^m.0$

Max. = 243 7668.575 + $0^d.326626 \cdot E$

M - m = $0^P.20$ Typ RRc

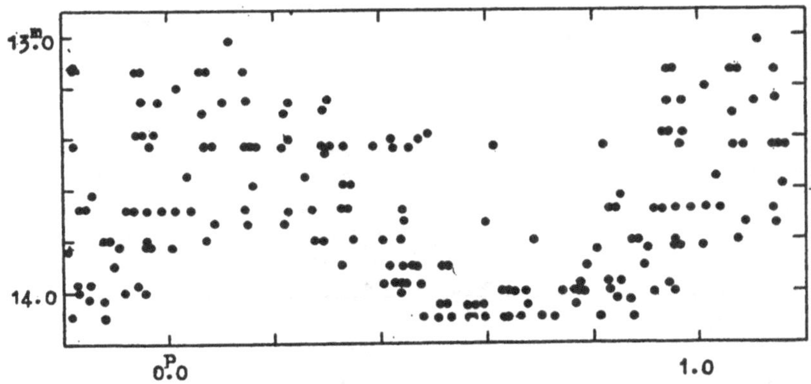

JD	E	B-R	JD	E	B-R
243 7668.575	0	$-0^d.015$	243 8169.400	1533	$+0^d.092$
7669.599	3	+0.029	8466.520	2443	-0.017
7766.616	300	+0.038	8471.430	2458	-0.007
7823.500	474	+0.089	8472.420	2461	+0.003
8113.480	1362	+0.025	8473.403	2464	+0.007
8144.500	1457	+0.016	8522.412	2614	+0.022
8146.466	1463	+0.022	9180.527	4629	-0.015
8162.450	1512	+0.001	9238.450	4806	+0.095
8168.428	1530	+0.100			

S 8083 Boo — RR-Lyrae-Stern; $15\overset{m}{.}5 - 17\overset{m}{.}0$

Max. = 243 7766.540 + $0\overset{d}{.}530177 \cdot E$

M − m = $0\overset{p}{.}10$ Typ RRab

JD	E	B−R	JD	E	B−R
243 7766.616	0	+0.076	243 8502.440	1388	$-0\overset{d}{.}014$
7818.500	98	+0.003	8504.536	1392	−0.010
8168.428	758	+0.014	8528.381	1437	−0.023
8169.448	760	−0.027	8853.408	2050	+0.005
8170.516	762	−0.019	8854.454	2052	−0.009
8179.519	779	−0.029	8878.412	2097	+0.091
8466.462	1320	+0.088	9180.558	2667	+0.036
8471.630	1330	−0.045	9205.480	2714	+0.040
8501.383	1386	+0.018	9242.529	2784	−0.024

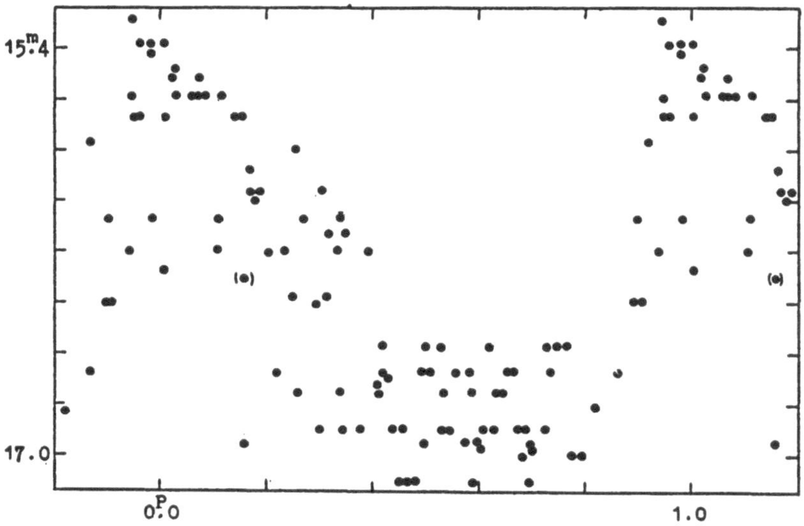

S 8084 Boo — RR-Lyrae-Stern; $11\overset{m}{.}7 - 13\overset{m}{.}8$

Max. = 243 7669.540 + $0\overset{d}{.}55433 \cdot E$

M − m = $0\overset{p}{.}10$ Typ RRab

JD	E	B−R	JD	E	B−R
243 7669.600	0	$+0\overset{d}{.}060$	243 8173.424	909	$+0\overset{d}{.}002$
7811.471	256	+0.023	8179.519	920	−0.005
7821.414	274	−0.012	8501.599	1501	+0.010
7841.424	310	+0.042	8853.580	2136	−0.009
8083.637	747	+0.012	8856.440	2141	+0.079
8112.440	799	−0.010	8902.400	2224	+0.030
8113.545	801	−0.013	9205.609	2771	+0.021
8168.428	900	+0.009	9270.436	2888	−0.009

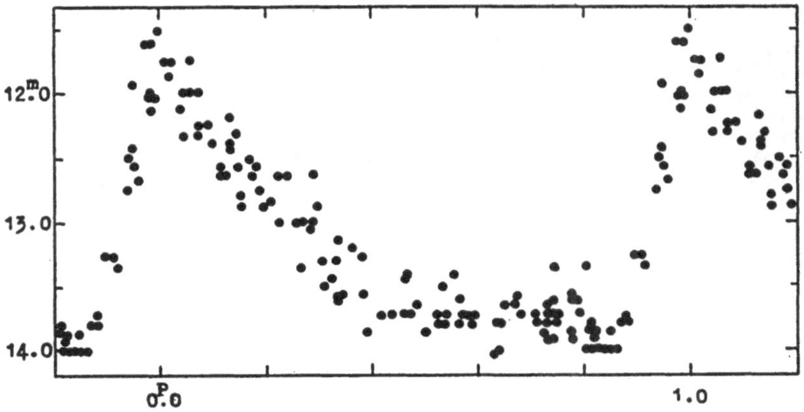

S 8085 Boo   Konstant; $14^{m}.8$

Die beobachteten Helligkeitsänderungen liegen innerhalb des Streubereichs der photographischen Platten, ein eindeutiger Lichtwechsel ist nicht feststellbar.

S 8499 Boo   W-UMa-Stern; $15^{m}.8 - 16^{m}.3$
Min. = 243 7823.588 + $0^{d}.69339 \cdot E$

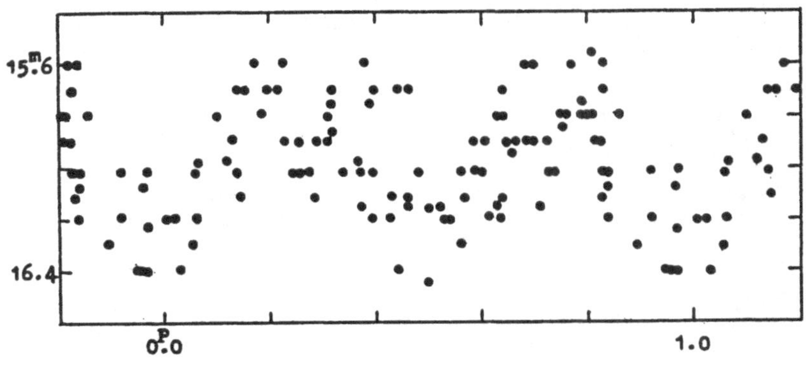

JD	E	B-R	JD	E	B-R
243 7823.481	0	+0^d.107	243 8883.407	1528.5	−0^d.028
8112.417	416.5	+0.032	8901.449	1554.5	−0.014
8472.560	936	−0.041	9204.552	1991.5	+0.078
8502.440	979	+0.023	9205.480	1993	−0.034
8503.437	980.5	−0.020	9238.451	2040.5	+0.001
8853.610	1485.5	−0.009	9262.419	2075	+0.047
8856.440	1489.5	+0.048	9264.432	2078	−0.020

<u>S 8086 Boo</u> Halbregelmäßig; 13^m.6 – 16^m.5

Max. = 243 7870 + 168^d·E

JD	E	B-R
243 7870	0	0^d
8220	2	+14
8540	4	− 2
8875	6	− 3
9225	8	+11

<u>S 8087 Boo</u> RR-Lyrae-Stern; 12^m.3 – 14^m.2

Max. = 243 7668.550 + 0^d.464373·E

M – m = 0^P.10   Typ RRab

JD	E	B-R	JD	E	B-R
243 7668.575	0	+0^d.025	243 8531.398	1858	+0^d.043
7820.424	327	+0.024	8849.452	2543	+0.001
7839.428	368	−0.011	8853.620	2552	−0.010
8113.417	958	−0.002	8856.440	2558	+0.024
8144.536	1025	+0.004	8883.407	2616	+0.057
8146.424	1029	+0.034	8901.449	2655	−0.011
8170.548	1081	+0.011	8902.400	2657	+0.011
8172.408	1085	+0.013	9180.558	3256	+0.010
8471.460	1729	+0.009	9205.620	3310	−0.005
8472.392	1731	+0.012			

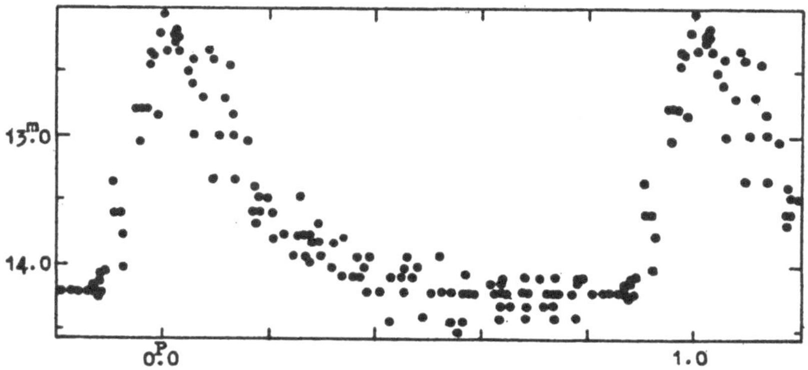

S 7807 Boo RR-Lyrae-Stern; $13\overset{m}{.}7 - 15\overset{m}{.}4$

Max. = 243 7669.480 + $0\overset{d}{.}62031 \cdot E$

M - m = $0\overset{p}{.}10$ Typ RRab

JD	E	B-R	JD	E	B-R
243 7669.599	0	$+0\overset{d}{.}119$	243 8471.530	1293	$-0\overset{d}{.}011$
7821.414	245	-0.042	8473.410	1296	+0.008
7839.428	274	-0.017	8501.380	1341	+0.064
7841.424	277	+0.118	8522.412	1375	+0.006
8112.410	714	+0.029	8852.451	1907	+0.040
8113.629	716	+0.007	8901.449	1986	+0.033
8146.480	769	+0.018	9180.558	2436	+0.003
8169.450	806	0.000	9205.460	2476	+0.092
8197.423	851	+0.059	9262.419	2568	-0.017
8466.585	1285	+0.007			

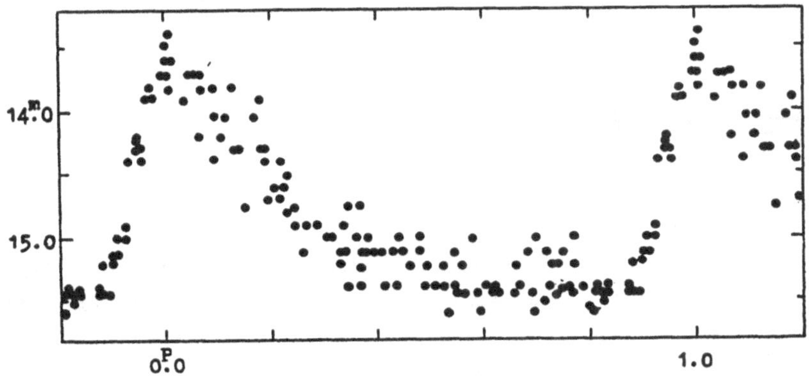

S 8088 Boo RR-Lyrae-Stern; $13\overset{m}{.}7 - 15\overset{m}{.}5$

Max. = 243 7823.400 + $0\overset{d}{.}53249 \cdot E$

M - m = $0\overset{p}{.}08$ Typ RRab

JD	E	B-R	JD	E	B-R
243 7823.415	0	$+0\overset{d}{.}015$	243 8471.460	1217	$+0\overset{d}{.}020$
8111.484	541	+0.007	8472.529	1219	+0.024
8112.572	543	+0.030	8473.573	1221	+0.003
8113.629	545	+0.022	8856.440	1940	+0.009
8144.496	603	+0.005	9146.647	2485	+0.009
8168.477	648	+0.024	9242.529	2665	+0.043
8465.612	1206	+0.029			

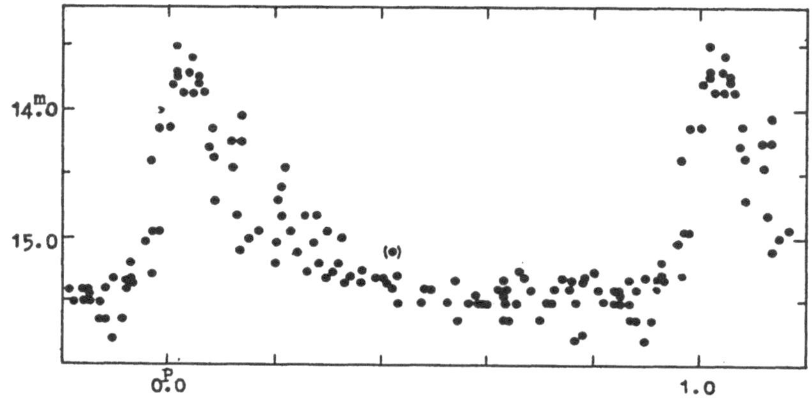

<u>S 8089 Boo</u> RR-Lyrae-Stern; $13^{m}_{.}4 - 14^{m}_{.}3$

Die Lichtkurve wurde mit folgenden Elementen gerechnet:

$$\text{Max.} = 243\ 7669.600 + 0^{d}_{.}30456 \cdot E$$

Die große Streuung im Maximum ist durch photographische Effekte allein nicht erklärbar. Eine weitere Periode von $0^{d}_{.}30432$ führt zu einem ähnlichen Ergebnis. Es ist daher mit einer veränderlichen Periodenlänge zu rechnen.

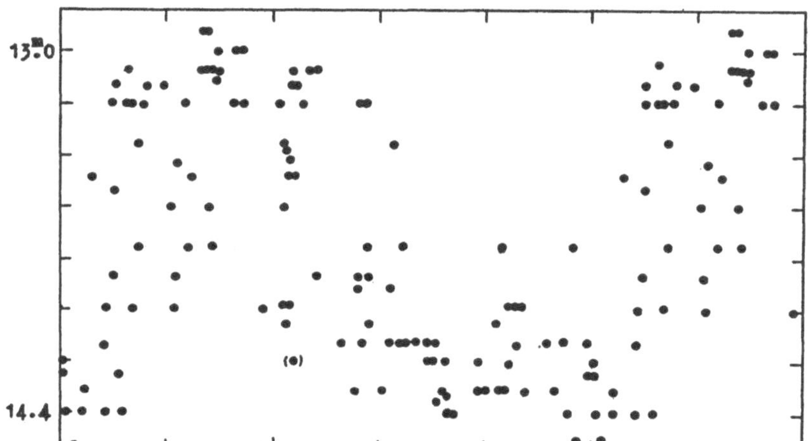

JD	E	B-R	JD	E	B-R
243 7669.599	0	$-0^{d}.001$	243 8169.404	1641	$+0^{d}.021$
7811.471	466	-0.054	8172.450	1651	+0.021
7818.500	489	-0.030	8473.370	1654	+0.028
7822.413	502	-0.076	8501.383	2731	+0.030
8112.450	1454	+0.020	8502.609	2735	+0.037
8113.410	1457	+0.064	8522.412	2800	+0.044
8144.454	1559	+0.045	8849.452	3874	-0.013
8146.550	1566	+0.009	8853.450	3887	+0.025
8162.401	1618	+0.023	8854.410	3890	+0.072
8168.477	1638	+0.008	9262.419	5230	-0.030

<u>S 8500 Boo</u> RR-Lyrae-Stern; $15^{m}.6 - 16^{m}.3$

Max. = 243 7669.620 + $0^{d}.296149 \cdot E$

M - m = $0^{p}.18$ Typ RRab

JD	E	B-R	JD	E	B-R
243 7669.599	0	$-0^{d}.021$	243 8473.403	2714	$+0^{d}.035$
7822.413	516	-0.020	8501.480	2809	-0.023
7838.425	570	0.000	8502.397	2812	+0.006
8111.484	1492	+0.010	8531.398	2910	-0.016
8113.545	1499	-0.002	8852.451	2981	+0.011
8146.424	1610	+0.004	8853.620	2985	-0.005
8162.443	1664	+0.031	8854.497	2988	-0.016
8466.585	2691	+0.018	9204.552	5183	-0.008
8471.623	2708	+0.032	9205.480	5186	+0.031
8472.500	2711	+0.020	9261.432	5375	+0.011

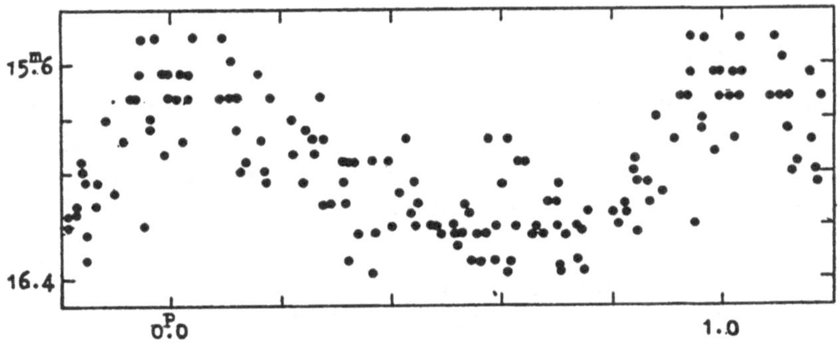

<u>S 8501 Boo</u> Langsam veränderlich (unregelmäßig); $12^{m}.4 - 12^{m}.9$

Der nach dem Palomar-Atlas rote Stern durchlief um JD 243 7800 und 8100 zwei sehr flache, aber durch zahlreiche Reihenaufnahmen gesicherte Minima von über 20 Tagen Dauer.

S 7808 Boo — RR-Lyrae-Stern; $15\overset{m}{.}4$ - $16\overset{m}{.}0$

Max. = 243 7668.550 + $0\overset{d}{.}67456 \cdot E$

M - m = $0\overset{p}{.}10$ Typ RRab

JD	E	B-R	JD	E	B-R
243 7668.575	0	$+0\overset{d}{.}025$	243 8472.600	1192	$-0\overset{d}{.}026$
7820.424	225	+0.098	8473.340	1193	+0.040
7822.413	228	+0.063	8501.599	1235	-0.033
7824.414	231	+0.041	8502.397	1236	+0.091
8112.420	658	+0.010	8852.451	1755	+0.048
8168.430	741	+0.031	8854.454	1758	+0.028
8170.520	744	+0.097	8856.440	1761	-0.010
8172.408	747	-0.038	8902.400	1829	+0.080
8197.423	784	+0.018	9204.552	2277	+0.029
8466.540	1183	-0.014			

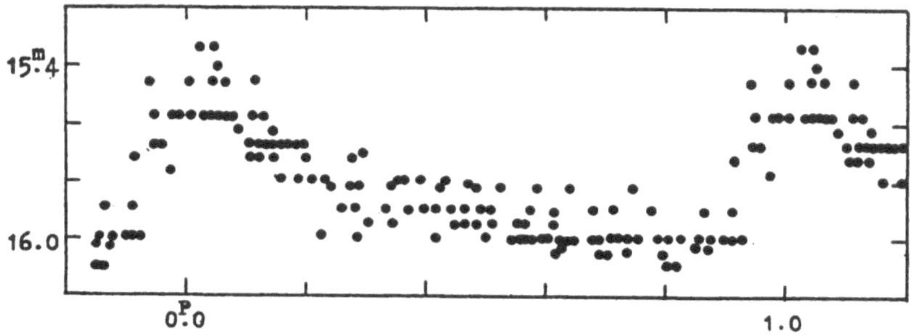

S 8503 Boo — RR-Lyrae-Stern; $15\overset{m}{.}6$ - $16\overset{m}{.}6$

Der Stern besitzt eine veränderliche Periode mit einer mittleren Periodenlänge von $0\overset{d}{.}478$. Eine befriedigende Darstellung aller hellen Beobachtungen durch eine Periode ist nicht möglich, ebenso wurde keine mittlere Lichtkurve erhalten.

S 7809 Boo — RR-Lyrae-Stern; $15\overset{m}{.}5$ - $16\overset{m}{.}7$

Max. = 243 7820.424 + $0\overset{d}{.}55525 \cdot E$

M - m = $0\overset{p}{.}10$ Typ RRab

JD	E	B-R	JD	E	B-R
243 7820.424	0	$0\overset{d}{.}000$	243 8162.443	616	$-0\overset{d}{.}015$
8112.500	526	+0.014	8171.423	632	+0.081
8113.630	528	+0.034	8172.450	634	-0.003
8146.420	587	+0.064	8465.612	1162	-0.013

JD	E	B-R	JD	E	B-R
243 8472.360	1174	+0.072	243 8528.381	1275	+0.013
8473.440	1176	+0.042	9242.529	2561	+0.110
8504.536	1232	+0.044	9262.419	2597	+0.011

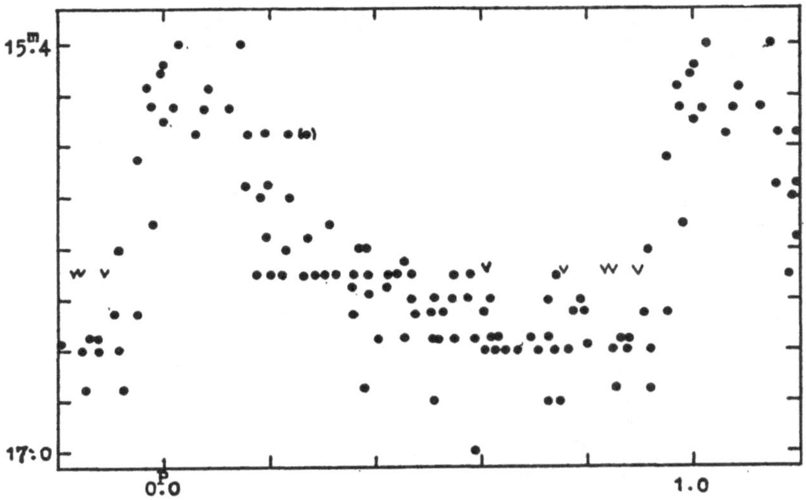

S 8090 Boo Konstant; $13^m.0$

Die beobachteten Schwankungen liegen im Streubereich der photographischen Platten, ein eindeutiger Lichtwechsel ist nicht feststellbar.

S 8091 Boo Konstant; $12^m.3$

Die beobachteten Schwankungen liegen innerhalb des Streubereichs der photographischen Platten, ein eindeutiger Lichtwechsel ist nicht feststellbar.

S 8092 Boo RR-Lyrae-Stern; $13^m.9$ - $15^m.6$

Max. = 243 7766.550 + $0^d.515153$·E

M - m = $0^p.10$ Typ RRab

JD	E	B-R	JD	E	B-R
243 7766.616	0	$+0^{d}.066$	243 8495.465	1415	$-0^{d}.026$
7812.451	89	+0.052	8525.380	1473	+0.010
8168.428	780	+0.059	8851.446	2106	-0.016
8169.440	782	+0.040	8853.520	2110	-0.003
8173.522	790	+0.001	8883.407	2168	+0.005
8465.612	1357	-0.001	8901.449	2203	+0.017
8466.638	1359	-0.005	9146.647	2679	+0.002
8473.358	1372	+0.018	9242.529	2865	+0.066

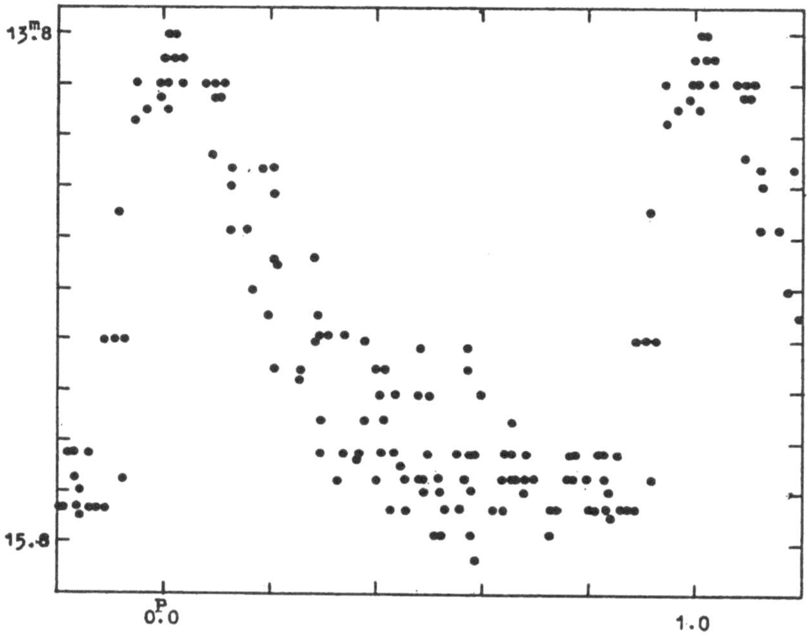

S 8093 Boo — RR-Lyrae-Stern; $15^{m}.1 - 15^{m}.9$

Max. = 243 7818.500 + $0^{d}.651265 \cdot E$

M - m = $0^{p}.12$ Typ RRab

JD	E	B-R	JD	E	B-R
243 7818.500	0	$0^{d}.000$	243 8472.392	1004	$+0^{d}.022$
7822.413	6	+0.005	8502.397	1050	+0.069
7841.424	35	+0.130	8528.381	1090	+0.002
8113.502	453	-0.021	8849.452	1583	0.000
8162.401	528	+0.033	8853.408	1589	+0.048
8173.424	545	-0.015	9260.389	2214	-0.012
8466.518	995	+0.009			

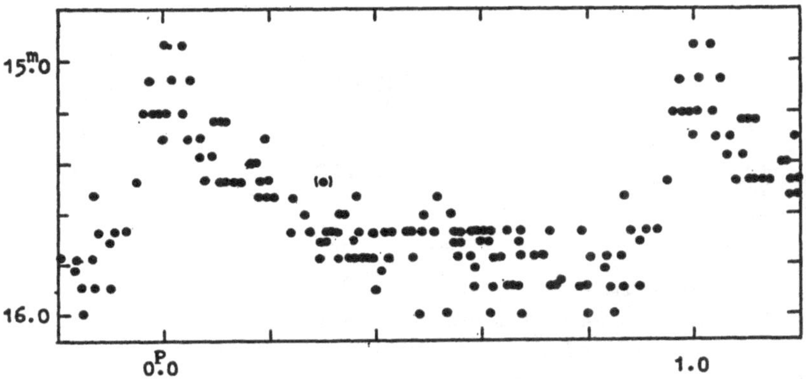

S 8094 Boo Konstant; $15^m_.7$

Der Stern zeigt auf allen guten Platten keinerlei Lichtwechsel. "Minima" wurden nur auf Platten beobachtet, auf denen der Stern sich an der Grenze der Sichtbarkeit befindet. Im Zusammenhang mit der nach dem Palomar-Atlas schwach roten Farbe des Sternes ist diesen Beobachtungen kein besonderes Gewicht beizulegen und der Stern weiterhin als konstant zu betrachten.

S 8095 Boo RR-Lyrae-Stern; $14^m_.0 - 15^m_.9$

Max. = 243 7818.430 + $0^d_.52706 \cdot E$

M - m = $0^P_.08$ Typ RRab

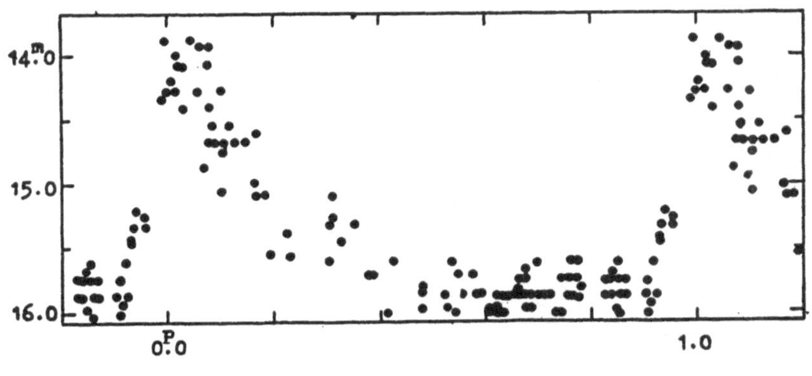

JD	E	B–R	JD	E	B–R
243 7818.500	0	+0^d.070	243 8472.529	1241	+0^d.018
8111.484	556	+0.009	8473.572	1243	+0.006
8112.572	558	+0.043	8528.381	1347	+0.001
8113.587	560	+0.003	8853.577	1964	+0.001
8168.428	664	+0.030	9146.647	2520	+0.026
8169.448	666	–0.004	9184.605	2592	+0.035
8170.516	668	+0.010	9204.600	2630	+0.002
8471.472	1239	+0.015			

<u>S 8096 Boo</u> RR-Lyrae-Stern; 14^m.2 – 15^m.3

Max. = 243 7818.480 + 0^d.587125·E

M – m = 0^p.12 Typ RRab

JD	E	B–R	JD	E	B–R
243 7818.500	0	+0^d.020	243 8495.465	1153	+0^d.030
7821.414	5	–0.002	8501.380	1163	+0.074
7838.425	34	–0.017	8502.609	1165	+0.128
7841.424	39	+0.046	8528.381	1209	+0.067
8111.484	499	+0.029	8849.452	1245	+0.001
8112.520	501	–0.010	8852.451	1250	+0.065
8168.428	596	+0.021	8853.577	1252	+0.016
8171.423	601	+0.081	9146.647	2262	+0.090
8466.660	1104	–0.006	9263.389	2461	–0.006
8471.387	1112	+0.024	9270.436	2473	–0.004
8472.550	1114	+0.013			

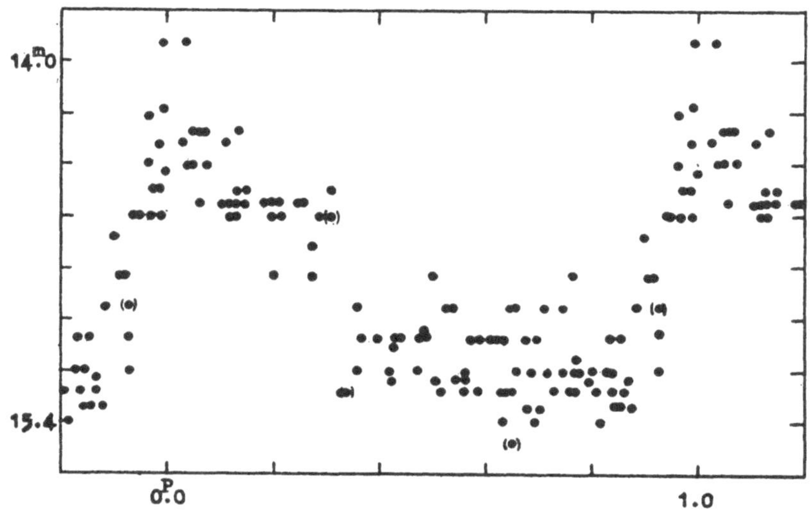

<u>S 7810 Boo</u> RR-Lyrae-Stern; $12^{m}.5 - 14^{m}.7$

Max. = 243 7669.580 + $0^{d}.614335 \cdot E$

M - m = $0^{p}.12$ Typ RRab

JD	E	B-R	JD	E	B-R
243 7669.599	0	$+0^{d}.019$	243 8472.529	1307	$+0^{d}.013$
7811.471	231	-0.020	8501.426	1354	+0.036
7824.414	252	+0.022	8502.609	1356	-0.009
8112.550	721	+0.034	8525.380	1393	+0.031
8144.454	773	-0.007	8853.408	1927	+0.004
8168.428	812	+0.008	9205.480	2500	+0.062
8179.519	830	+0.041	9264.432	2596	+0.038

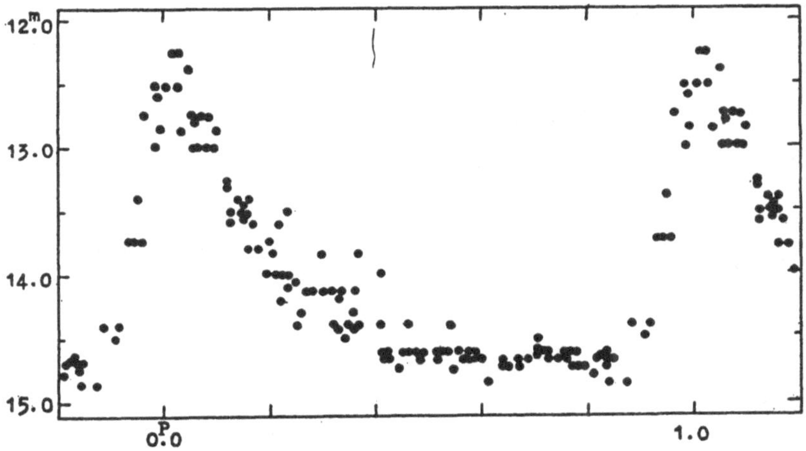

<u>S 8097 Boo</u> RR-Lyrae-Stern; $14^{m}.0 - 15^{m}.7$

Max. = 243 7668.520 + $0^{d}.48926 \cdot E$

M - m = $0^{p}.10$ Typ RRab

JD	E	B-R
243 7668.575	0	$+0^{d}.055$
8146.530	977	+0.003
8170.516	1026	+0.015
8172.480	1030	+0.022
8173.460	1032	+0.024
8466.518	1631	+0.015
8471.390	1641	-0.006
8472.390	1643	+0.016

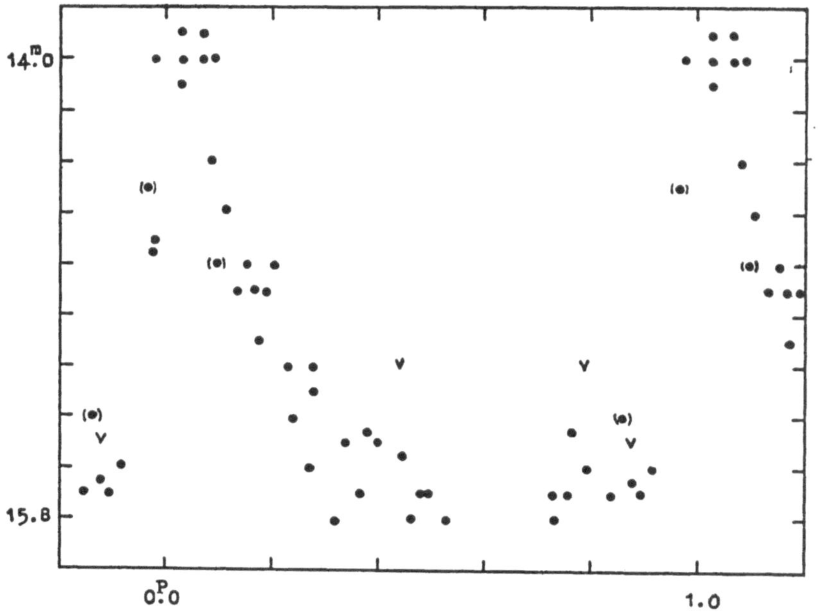

S 8504 Boo   RR-Lyrae-Stern; $14^m.4 - 16^m.0$

Max. = 243 7823.460 + $0^d.47275 \cdot E$

M − m = $0^p.08$ Typ RRab

JD	E	B-R	JD	E	B-R
243 7823.481	0	$+0^d.021$	243 8472.529	1373	$-0^d.017$
7824.414	2	+0.008	8473.488	1375	-0.003
7841.424	38	-0.001	8501.383	1434	-0.001
8116.552	620	-0.013	8528.381	1491	+0.051
8144.454	679	-0.003	8853.577	2179	-0.005
8162.401	717	-0.021	8854.510	2181	-0.018
8171.423	736	+0.019	8856.440	2185	+0.021
8197.423	791	+0.018	9238.451	2993	+0.050
8471.590	1371	-0.010	9264.432	3010	-0.006

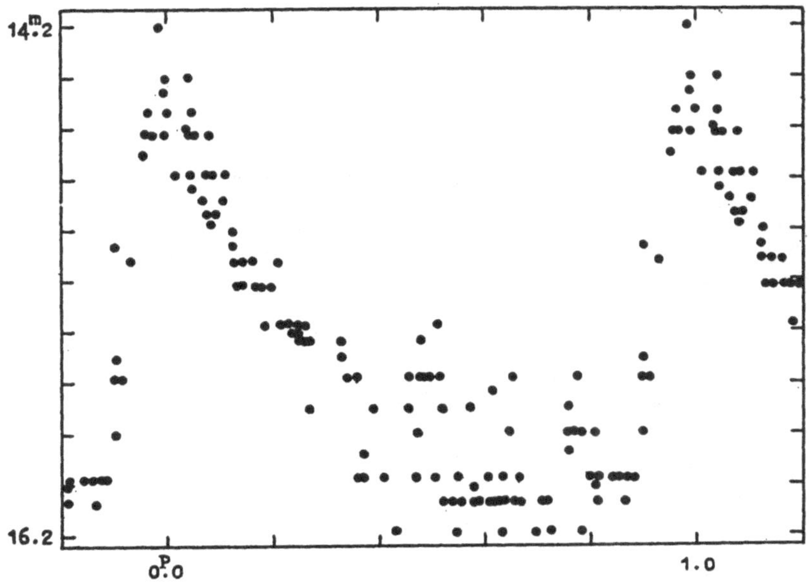

<u>S 8505 Boo</u> RR-Lyrae-Stern; $14^{m}.6 - 15^{m}.3$

Max. = 243 7669.520 + $0^{d}.31062 \cdot E$

M − m = $0^{p}.15$ Typ RRab

JD	E	B-R	JD	E	B-R
243 7669.599	0	$+0^{d}.079$	243 8504.536	2688	$+0^{d}.069$
7820.424	486	−0.057	8528.381	2765	−0.003
7838.425	544	−0.072	8851.446	3805	+0.017
8112.460	1426	−0.004	8852.451	3808	+0.090
8144.454	1529	−0.004	8853.590	3812	−0.013
8146.400	1535	+0.078	8854.520	3815	−0.015
8162.443	1587	−0.031	8856.440	3821	+0.041
8170.516	1613	−0.034	8883.407	3908	−0.016
8173.424	1622	+0.078	8901.449	3966	+0.010
8466.600	2566	+0.029	8902.400	3969	+0.029
8471.560	2582	+0.019	9204.600	4942	−0.004
8472.490	2585	+0.017	9205.530	4945	−0.006
8473.420	2588	+0.015	9238.451	5051	−0.011
8495.465	2659	+0.006	9261.432	5125	−0.016
8501.383	2678	+0.023	9270.436	5154	−0.019
8502.609	2682	+0.006			

Die starke Streuung im Maximum deutet auf geringfügige Änderungen der Periode hin.

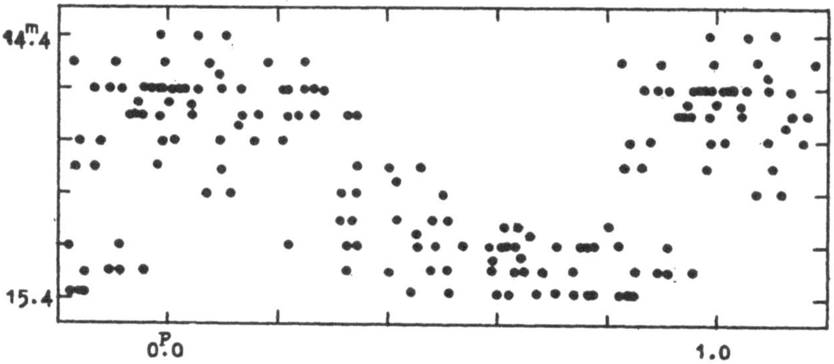

<u>S 8506 Boo</u> RR-Lyrae-Stern; $13^{m}_{\cdot}8$ - $14^{m}_{\cdot}4$

Der Stern besitzt eine mittlere Periodenlänge von $0^{d}_{\cdot}441$, die Periode ist jedoch veränderlich, und es gelingt nicht, eine mittlere Lichtkurve zu zeichnen.

MIX
Papier | Fördert gute Waldnutzung
FSC® C083411

Zeitfracht Medien GmbH
Ferdinand-Jühlke-Straße 7
99095 Erfurt, Deutschland
produktsicherheit@kolibri360.de